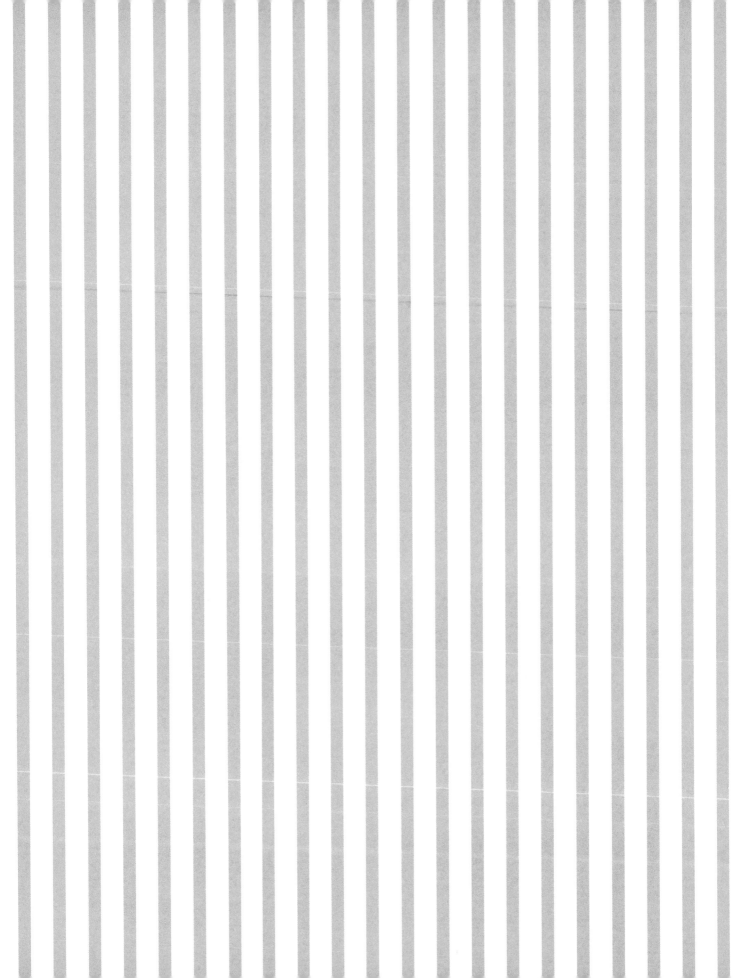

簡約休閒風手作包

俐落的經典版型，變化布料就很有個性！

簡約休閒風手作包

托特包、肩背包、後背包、隨身包、腰包……

日常生活中最常使用的包包都在這一本。

全作品皆附含縫份紙型，布作新手也能簡單描圖、立刻開始縫製，

享受完成後帶著心愛之作出門曬包的成就感。

除了外出大包，必不可少的包內小物收納包，

也可以利用縫製大包的餘布，或自己喜歡的零碼布來製作喔！

布料・材料・用具提供

INAZUMA／植村　http://www.inazuma.bit/

清原

クロバー

コスモテキスタイル

コッカ

布莊ソールパーノ　https://www.rakuten.co.jp/solpano

接著襯提供

日本バイリン

線材提供

フジックス

服裝提供

Cepo（ブルーメイト）

Contents

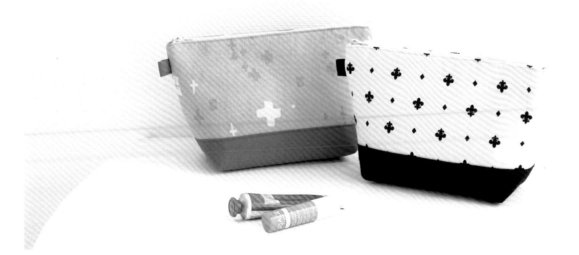

1

拉鍊托特包

以清新亮眼的藝術感印花布，製作線
條簡約的托特包。利用將拉鍊接縫於
口布的設計，提升了充足的內容量。
物品較多時，帶上這個包包就OK！

背面的布料也很時髦。

加入玩心，以鮮明的芥黃色布料製作裡袋布。

作法 ▶p.42
製作 ▶ 金丸かほり

布料（印花布）…コッカ（EKX-97000-700B）
　　（素色布）…コッカ（JG-95410-10E）

束口袋托特包

亮橘色×圓點印花,簡單又可愛的大
束口袋托特包。橢圓底的袋型,收納
量特別令人安心。

作法 ▶p.39
製作 ▶ まつのぷちひろ

布料 (素色布)…コッカ(JG-95410-10I)
(點點花紋)…コッカ(JG-90010-14B)

收緊束口布,就能快速隱藏包中雜物,十分方便。

帆布托特包

以結實耐用的8號帆布，製作大小托特包組。卡其綠的袋身使得米色背帶更加跳脫，展現出運動休閒風。

04

03

作法 ▶ 03 p.48 04 p.46
設計・製作 ▶ 冨山朋子（popo）

壓克力織帶類 INAZUMA 壓克力織帶肩背包用提把（YAT1420 #3）／壓克力織帶（寬30mm BT-302 #3）（寬20mm BT-202 #3）／D 型環 INAZUMA（AK-6-28 #AG）

附有可放鑰匙包或定期票的方便內口袋。

可斜背的迷你尺寸，
在住家附近走走時就
能派上用場。

A4尺寸OK的基本款托特
包。上班、上學及上才藝
課，任何場合都適用。

毛衣・長褲…Cepo

2way
肩背包

以11號帆布製作休閒風格的肩背包。
前側＆兩側皆附有口袋，是仔細思考
使用機能的實用設計，無論男女都適
合的日常提袋。

作法 ▶ p.40
製作 ▶ まつのぶちひろ
布料 コスモテキスタイル（AD70000-158）

當作托特包使用時，將肩
背帶收入包包中。

可斜背、也可當作托特包使用，依當
日的心情變換使用方式吧！

側開叉簡約包

袋型簡單的包包，更能以布料輕鬆改變
印象。作品06使用閃亮華麗的緹花布，
作品07則是極簡百搭的藍色素面布。

06

07

作法 ▶ p.44
設計・製作 ▶ 新宮麻里（sewsew）

8

往底部擴展開的優美梯形袋身，展現出經典不敗的簡約魅力，並以鈕釦加上不經意的點綴效果。袋口為磁釦設計。

袋口兩側的小開叉，讓取放物品都更加容易。

08

09

(08)(09)
斜拼接單肩包

斜拼接的嶄新設計肩背包。作品08使
用兩種印花布，作品09則混搭條紋×
素色布。每次改變拼接組合，就能創
作出全新的風格印象。

作法 ▶ p.50
設計・製作 ▶ 新宮麻里（sewsew）

肩背時的整體感相當好，
充滿了俐落時髦的氛圍。

底部作成四角形。

橢圓包

圓潤的橢圓包,簡單斜背就能讓穿搭變得加倍可愛。加入單膠鋪棉後,也賦予了包包輕盈蓬鬆感。

內裡是孔雀藍的素色布。

以備受注目的格琳方格掌握流行感。

作法	▶ p.52
製作	▶ 金丸かほり

磁釦	清原
提把	INAZUMA(YAS-1514A #11)
D型環	INAZUMA(AK-6-21 #AG)

⑪ 斜肩背 束口水桶包

將繩子穿過雞眼釦後，打結收緊袋口的束口型斜背包。將口布改為橫紋拼接的活潑設計，充分展現條紋布料的魅力。

內側使用淺藍色素面布，統一清爽感。

以斜紋布縫製而成，十分厚實耐用。適合休閒風格的裝扮。

作法 ▶ p.54
製作 ▶ 金丸かほり

| 布料 〈條紋〉‥布莊ソールパーノ（14219-22） |
| 雞眼釦・日型環・口型環 清原 |

⑫

隨身包

隨身包指的是能放入最低限度所需物品
的小型背帶包。最初是在自行車競賽中
使用，但因其便利性深受喜愛，如今已
成為日常街上常見的實用包款。此作品
是將袋身上半部往下摺的設計。

掀起袋蓋，裡側是附拉鍊的內層口袋。
取下背帶後，也能當成化妝包使用。

作法 ▶ p.49
製作 ▶ 渋澤富砂幸

布料・文字布標 清原
提把 INAZUMA（YAT-1409 #11）
D 型環 INAZUMA（AK-6-14 #AG）

⑬

腰包

充分展現條紋布特色的運動風腰包。
使用市售的插釦織帶，意外地很輕鬆
就能完成。

斜背在背上，更有
時下流行感。

作法	▶ p.56
製作	▶ 渋澤富砂幸

布料	布莊ソールパーノ（14219-31）
文字布標	清原
腰包用壓克力織帶	INAZUMA（BS-1238）

牛仔外套…Cepo

⑭

支架口金
後背包

以鮮豔的玫瑰粉紅×黑色提把，作出
跳色效果的休閒風後背包。加入支架
口金後，袋口可完全敞開，是極好用
的設計。

作法 ▶ p.58
製作 ▶ 金丸かほり

布料 （素色）…清原
織帶・提把・環類・口金
INAZUMA：棉織帶（BT-382 #11）／提把
（YAT-421 #11）／日型環（AK-24-38 #S）
／口型環（AK-5-38 #S）／支架口金（BK-3061）

容量超大的後背包，無
論是前往健身房或當成
媽媽包，都非常方便。

袋口能夠完全打開，取放物品更輕鬆。

2way 後背包

休閒感強烈的的後背包,選用俏皮
的花色就能創造出時髦感。2way用
法,當作托特包手提也OK。

作法　▶ p.60
設計・製作 ▶ 新宮麻里(sewsew)

將織帶穿法加入巧思，作出兼具機能性與設計感的背帶。後背使用時，織帶會自然拉緊，袋口也將順勢閉合。

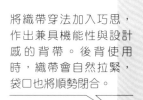

當成托特包使用也很有型。

內裡使用灰色尼龍布。

⑯ 環保袋

購物必備的簡便環保袋。僅在兩側縫入鬆緊帶,使袋口稍微收縮。這樣的小巧思既可讓內容物不易掉出,也能維持美麗的形狀。

作法 ▶ p.62
設計・製作 ▶ 新宮麻里(sewsew)

內側附有夾層口袋。

袋底的摺疊設計,是大容量的關鍵。

可收摺袋子本體&放入內側口袋中,輕盈小巧方便攜帶。

三角包

在黑色表布裡側，不經意地露出一抹
鮮豔的藍，以低調的配色表現出特色
設計感。既適合搭配休閒感的穿著，
也能融合時髦裝扮。

可成為主風格單品的
個性設計。

作法 ▶ p.68
製作 ▶ 渋澤富砂幸

布料（表布）…コスモテキスタイル
　　　　（AD22000-300）
　　（裡布）…コスモテキスタイル
　　　　（AD10000-261）

磁釦包

剛剛好的容量&優雅的袋型，日常使用超百搭。在釦絆處裝上磁釦，啪一聲就能閉合袋口。作品18使用混麻帆布，作品19則使用防潑水加工布料。

18

19

作法 ▶ p.64
設計・製作▶ 新宮麻里（sewsew）

以芥末黃作為穿搭的
重點色，格外時髦。

後側附有方便的外口袋。

圓筒
2way包

圓滾滾如米袋般的包包,其實是
用一塊方形布製作而成。兩側的
摺疊手法是製作重點。

作法 ▶ p.66
設計・製作 ▶ 新宮麻里(sewsew)

兩側為六角形。運用捲
糖果紙的手法，增加兩
側的摺疊次數即可作出
造型。

拆下肩背帶，當作迷你
手提包使用也很俏麗。

21

21 22

口金肩背包

布料組合十分可愛的口金肩背包。將肩背帶取下，就能當作波奇包使用。

22

前側附有外口袋，方便放置筆及收據等小物。

作品21的內側為條紋布，作品22則使用花紋布。

作法 ▶ p.69
設計・製作 ▶ 西村明子

提把　INAZUMA（21/YAS-1014A #11
22/YAS-1014A #870）
口金　INAZUMA（BK-1673 #AG）

（23）

方形郵差包

在立體方正袋型的郵差包上，深藍色的窗形格紋格外突顯茶色的拉鍊。雖然尺寸小，容量卻很充足，連長夾也能輕鬆放入。

連身裙…Cepo

作法 ▶ p.71

設計・製作 ▶ 西村明子

提把 INAZUMA（YAS-1014A #870）
D 型環 INAZUMA（AK-6-21 #AG）

外口袋放入定期票或鑰匙包，十分方便。

拆下肩背帶，就是旅行萬用的小置物包或化妝包。

包中包

將手機、皮夾、鑰匙包等出門必備的
小物，統統放入包包中！也可直接當
作午餐袋使用。

夾層很多，方便用來分類放置物品。

附有能遮蓋內容物的掀蓋設計。

作法 ▶ p.72
製作 ▶ まつのぶちひろ

束口包

想作出不同風格？改變布料就很不一樣！作品25以歐根紗的層疊效果，展現優雅氣氛。作品26則是能抓住視覺焦點的莓果色。

25

26

作法 ▶ p.75
設計・製作 ▶ 新宮麻里（sewsew）

攤平後摺疊起來，可當作預備袋攜帶出門。

織帶圍繞一圈，在兩側止縫固定。

支架口金
化妝包

袋口能大大敞開，方便拿取物品的支
架口金化妝包。較大型的化妝用品也
能輕鬆放入。

作法 ▶ p.74
製作 ▶ 渋澤富砂幸

支架口金 INAZUMA（BK-1862）

收納力絕佳的波奇包。以表布花朵的紅色挑選
素色裡布，配色和諧不出錯。

撞色拼接
化妝包

不論放入化妝品或小物都非常方便的
基本款化妝包。搭配同色系的素色布
料拼接，簡單就很吸睛！

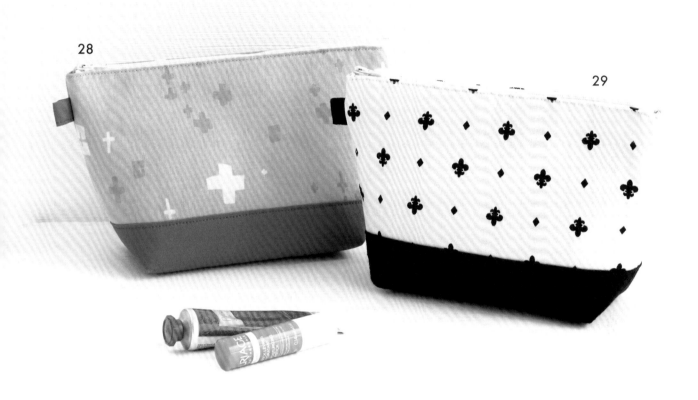

28

29

附有內口袋，可放入藥品或OK繃。

作法 ▶ p.80
製作 ▶ 渋澤富砂幸

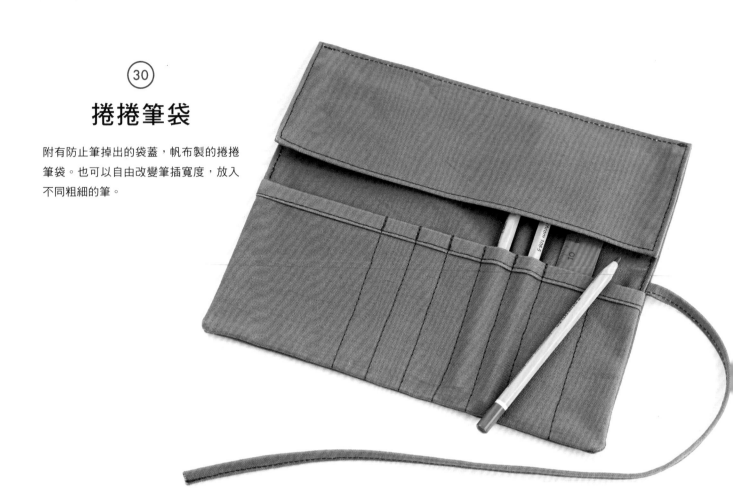

㉚ 捲捲筆袋

附有防止筆掉出的袋蓋，帆布製的捲捲
筆袋。也可以自由改變筆插寬度，放入
不同粗細的筆。

捲成小小一卷，
方便收納。

反捲站立也OK。

作法 ▶ p.77
設計・製作▶ 冨山朋子（popo）

(31)
手帳型
多功能包

可放入存摺、卡片、護照等重要物品的多功能包，收摺時就像時髦的手帳本般。

作法 ▶ p.78
設計・製作 ▶ 富山朋子（popo）

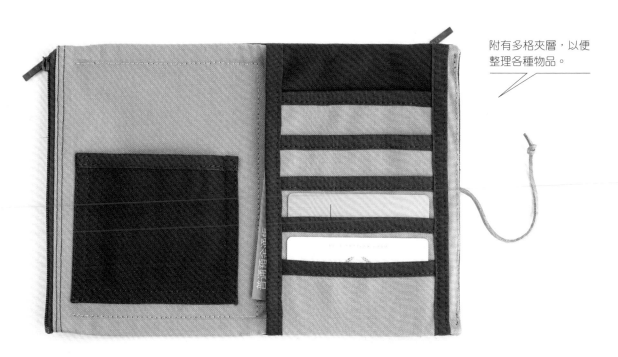

附有多格夾層，以便整理各種物品。

手作包的基礎

開始製作之前，包括裁縫所需的工具、原寸紙型的使用、裁布方法等手作包基礎知識，都務必仔細確認喔！

關於工具

〔必備工具〕　開始縫製之前，必須事先準備好的基本工具。
只要有了這些，即使是初學者也能立即開始挑戰。

用具提供／Clover（株）

製圖紙

製作紙型時使用。紙質薄且透，方便描繪原寸紙型。

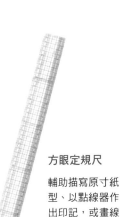

方眼定規尺

輔助描寫原寸紙型、以點線器作出印記，或畫線時使用。

複寫紙

要在布料上畫記完成線記號時，可夾在布料裡，以點線器沿紙型描繪，完成複寫。

點線器

為免劃傷複寫紙或紙型，選擇刀刃為波浪型的較佳。

水消筆

在布料上畫記號時使用。常見的記號筆有隨時間自然消失的氣消款，以及水洗消除的水消款兩種。

布剪

剪布專用的剪刀。若用於剪紙，刀刃容易耗損，請特別注意。

線剪

比布剪小，可用來剪線或修剪細部。

錐子

用於推出邊角或挑線等細緻的作業。

針插

暫不使用的縫針或待針，可統一插放在針插上。

待針

暫時固定布料時使用。推薦使用珠頭較小的待針比較方便。

〔讓作業更便利的工具〕　雖然不是必備的工具，但有了這些，工作起來將更簡單順利。

布鎮

複寫紙型時，用於壓住紙張，避免位移。

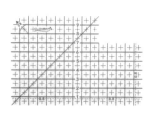

熨斗定規尺

以熨斗燙摺縫份時，可對齊尺標準確地摺疊布料。

布用強力夾

取代待針的夾子。可用來固定帆布等厚布料，或固定縫份的重疊處。

拆線刀

前端有刀刃，切開或鬆開縫線都很方便。

穿線器

穿線孔中有止滑設計，線不易脫落，可以很順利地穿線。

原寸紙型的使用方法

使用隨書附贈的原寸紙型，先描畫出喜歡的作品紙型吧！

原寸紙型皆已含縫份。內側的粗線為完成線，外側的細線則是縫份線。

1　請對照作法頁標示的作品紙型在哪一面，找到欲製作作品的紙型。

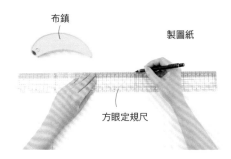

2　將製圖紙蓋在原寸紙型上，以布鎮壓住避免紙張移動，並利用方眼定規尺輔助，描畫完成線和縫份線。

3　畫上布紋方向、吊耳位置記號，並連同部件名＆需要的裁布片數也標示清楚。

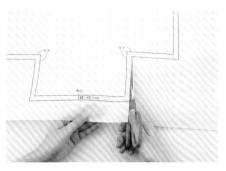

4　以剪刀沿縫份線裁剪。

5　紙型完成。

裁　布

參見作法頁的裁布圖，在布料上配置紙型再進行裁剪。

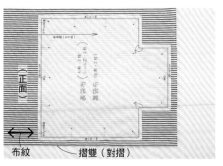

1　對齊布料及紙型的布紋方向，以待針將紙型固定在布料上方。裁布圖上標示「摺雙」處，須將布料對摺。

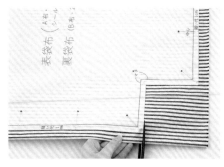

2　沿縫份線，以布剪裁剪布料。一旦移動布料就容易裁歪，因此盡可能不要移動布料，而是移動自己的身體來配合剪布。

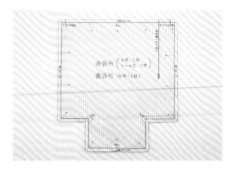

3　裁剪完成。

畫記號

剪好的布料，需在背面畫上完成線、各部件固定位置等記號。
若需將布料整片燙貼接著襯時，先貼上接著襯再畫記號。

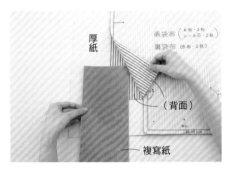

1　拔除畫記號位置的待針，將複寫紙夾在裁剪好的布料之間。下方墊上厚紙，避免桌面留下點線器的痕跡。

2　方眼定規尺對齊紙型的完成線，以點線器描寫。

3　記號複寫完成了！而吊耳位置等記號，有時須畫記在布料正面；此時相比在完成線上作記號，建議標示在縫份處更好。

關於接著襯

貼在布料背面，可使成品具有更好的彈性，且更不易變形。請依目標作品選擇適合的接著襯種類。

織布型
基底為織布的接著襯，與表布材親合度高，完成後仍相當柔軟。適合用來補強布料，或在想作出完美形狀時使用。

不織布型
合成纖維製的不織布型接著襯。質地如和紙般，具有硬度，可以展現出硬挺感。

貼紙型
特點是撕下離型紙即可黏貼，不須以熨斗燙貼。可展現適度的彈性及蓬鬆感。

單膠鋪棉
在片狀的棉花上附有黏膠的接著襯。可創造蓬鬆感，賦予作品厚度。

〔 接著襯的貼法 〕

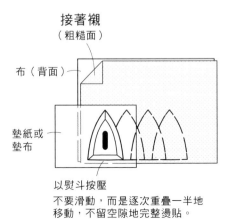

以熨斗按壓
不要滑動，而是逐次重疊一半地移動，不留空隙地完整燙貼。

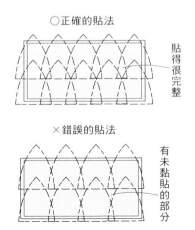

〇正確的貼法
貼得很完整

×錯誤的貼法
有未黏貼的部分

〔 單膠鋪棉的貼法 〕

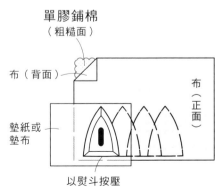

以熨斗按壓
若直接以熨斗從單膠鋪棉側熨燙，棉花的厚度將影響導熱不均，因此建議從布料側熨燙。

關於拉鍊 請在此熟悉拉鍊的構造、種類，及基本的相關常識吧！

拉鍊的構造

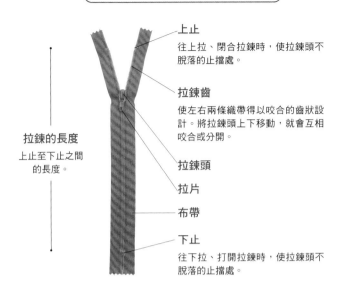

拉鍊的長度
上止至下止之間的長度。

上止
往上拉、閉合拉鍊時，使拉鍊頭不脫落的止擋處。

拉鍊齒
使左右兩條織帶得以咬合的齒狀設計。將拉鍊頭上下移動，就會互相咬合或分開。

拉鍊頭

拉片

布帶

下止
往下拉、打開拉鍊時，使拉鍊頭不脫落的止擋處。

拉鍊的種類

樹脂拉鍊

金屬製拉鍊

拉鍊齒為線圈狀樹脂，材質薄且可車縫，以剪刀裁剪即可調整長度。

拉鍊齒為金屬材質，耐用度＆強度佳，適用於大型包包。

兩端的處理方式

不同的作品有不同的處理方式，但只要將拉鍊兩端仔細收尾處理，成品就會很漂亮。

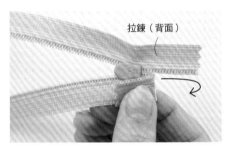

拉鍊（背面）

1 將布帶的尾端摺往背面。

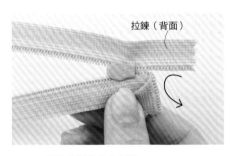

拉鍊（背面）

2 再往自己的方向斜摺。

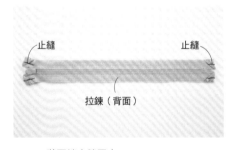

止縫　　　　　止縫

拉鍊（背面）

3 將兩端止縫固定。

調整長度的方法

在此示範樹脂拉鍊的長度調整方法。

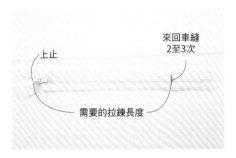

上止

來回車縫2至3次

需要的拉鍊長度

1 從上止起，在作品需要的拉鍊長度位置來回車縫2至3次，作為下止點。

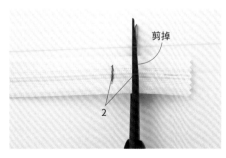

剪掉

2

2 從車縫處起算2cm，剪下多餘的織帶。

車縫拉鍊時 使用的壓布腳

單邊壓布腳（拉鍊壓布腳）
使用此壓布腳能夠僅壓住車縫針的單側，進行車縫。以縫紉機車縫拉鍊時，若壓布腳會碰到拉鍊頭，換成單邊壓布腳就能順利進行。

※為了清楚辨視車縫線位置，在此以顯眼的色線示範，實際製作時請使用與拉鍊同色的車縫線。

拉鍊的車縫

在此以P.31作品29化妝包為例，解說拉鍊的車縫方法。學會基本縫法後，縫紉作品的類型就能隨之拓廣，所以請一定要挑戰看看！縫紉機的壓布腳並無強制一定要替換，但車縫過程不順利時，不妨試著換上單邊壓布腳。

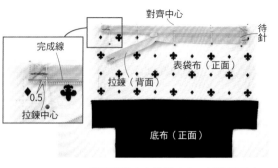

1　對齊表袋布＆拉鍊中心，以待針固定，並將拉鍊頭拉至一半處。

2　將拉鍊縫在表袋布的縫份上。

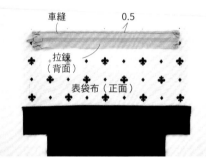

3　車縫至拉鍊頭前方時，在車針不離開的狀態下停止車縫，抬起壓布腳後將拉鍊頭往上拉起。

4　放下壓布腳，繼續車縫至拉鍊尾端。

5　表袋布＆裡袋布正面相對疊合。沿完成線以待針別住固定，並將拉鍊頭拉至一半處。

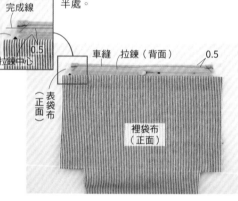

6　車縫完成線。與步驟3相同，途中抬起壓布腳，再將拉鍊頭往上拉起。

7　放下壓布腳，繼續車縫到尾端。

8　與步驟1至4相同，對齊另一側的表袋布＆拉鍊，在縫份上車縫固定。

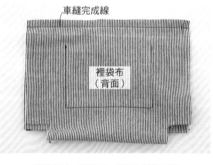

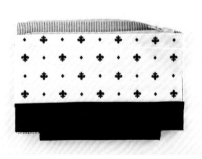

9　以步驟5相同方式固定，表袋布＆裡袋布各自正面相對疊合。

10　與步驟6．7相同，沿完成線車縫。

11　拉鍊車縫完成！

材料

A布〔棉麻帆布〕110cm寬80cm
B布〔棉麻帆布・點點〕110cm寬90cm
接著襯〔日本貓頭鷹媽媽牌AM-F1〕100cm寬70cm
圓繩 粗0.4cm 260cm

完成尺寸 高32cm 寬36cm 側身15cm

原寸紙型 B面 02
1 表袋布・裡袋布
2 表底・裡底
3 口布
4 肩背帶

※布料的寬度並非指市售布
料的寬度，而是以製作作
品的最小寬度來標記。

A布的裁布圖

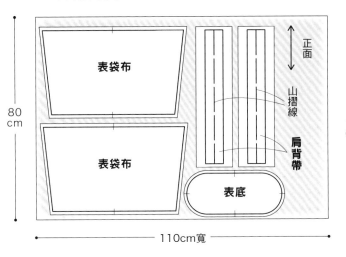

80cm

110cm寬

表袋布
表袋布
表底
正面
山摺線
肩背帶

B布的裁布圖

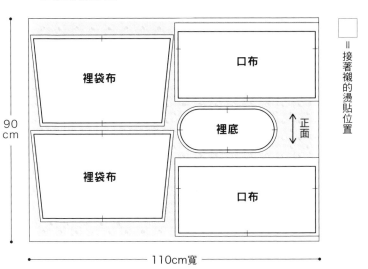

90cm

110cm寬

裡袋布
裡袋布
裡底
口布
口布
正面

□＝接著襯的燙貼位置

作法

1 製作肩背帶

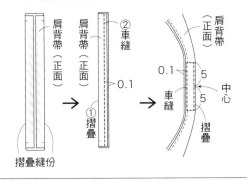

肩背帶（正面）
肩背帶（正面）
②車縫
0.1
①摺疊
摺疊縫份
0.1
5
5
中心
車縫
摺疊
肩背帶（正面）

2 製作表袋布

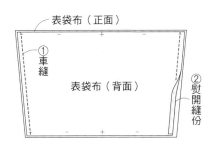

表袋布（正面）
①車縫
表袋布（背面）
②熨開縫份

3 製作裡袋布

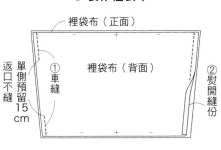

裡袋布（正面）
①車縫
裡袋布（背面）
②熨開縫份
單側預留返口不縫15cm

4 接縫肩背帶＆底部

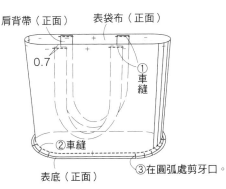

肩背帶（正面）
表袋布（正面）
0.7
①車縫
②車縫
表底（正面）
③在圓弧處剪牙口。

※裡袋布同樣縫上裡底（不縫肩背帶）。

5 製作口布

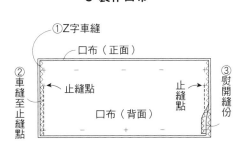

①Z字車縫
口布（正面）
②車縫至止縫點
止縫點
止縫點
③熨開縫份
口布（背面）

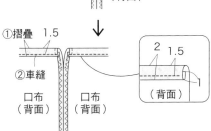

0.5 0.5
止縫點
車縫
口布（背面）
①摺疊 1.5
②車縫
口布（背面）
口布（背面）
2 1.5
（背面）

6 接縫口布

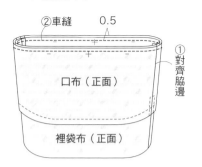

②車縫　0.5
①對齊脇邊
口布（正面）
裡袋布（正面）

7 縫合表袋布&裡袋布

①放入裡袋布
裡袋布（背面）
口布（正面）
②車縫
表袋布（背面）

8 翻至正面，縫合返口

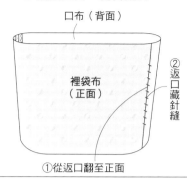

口布（背面）
裡袋布（正面）
②返口藏針縫
①從返口翻至正面

9 車縫袋口

口布（正面）
避開口布車縫　0.2
表袋布（正面）

10 穿繩，完成！

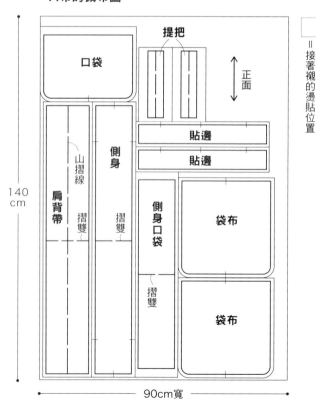

②打結
①穿入2條長130cm的圓繩
口布（正面）
32
15
36

穿繩的方法

p.6 05 2way肩背包

材料
A布〔11號帆布〕90cm寬140cm
接著襯〔日本貓頭鷹媽媽牌〕100cm寬10cm
斜布條〔滾邊用〕1cm寬220cm

完成尺寸　高35cm 寬33cm 側身14cm

原寸紙型 D面 05
1 袋布
2 口袋
3 側身
4 側身口袋
5 貼邊
6 提把
7 肩背帶

A布的裁布圖

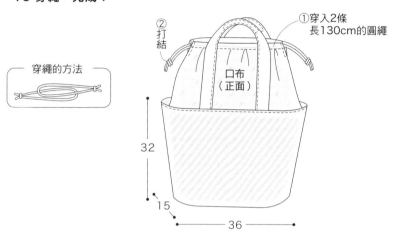

提把
口袋
正面
貼邊
貼邊
山摺線
側身
肩背帶
摺雙
摺雙
側身口袋
袋布
摺雙
袋布
140cm
90cm寬

□ = 接著襯的燙貼位置

※製作肩背帶、側身、側身口袋時，需於「摺雙」處翻轉紙型畫出另外半邊再裁剪。

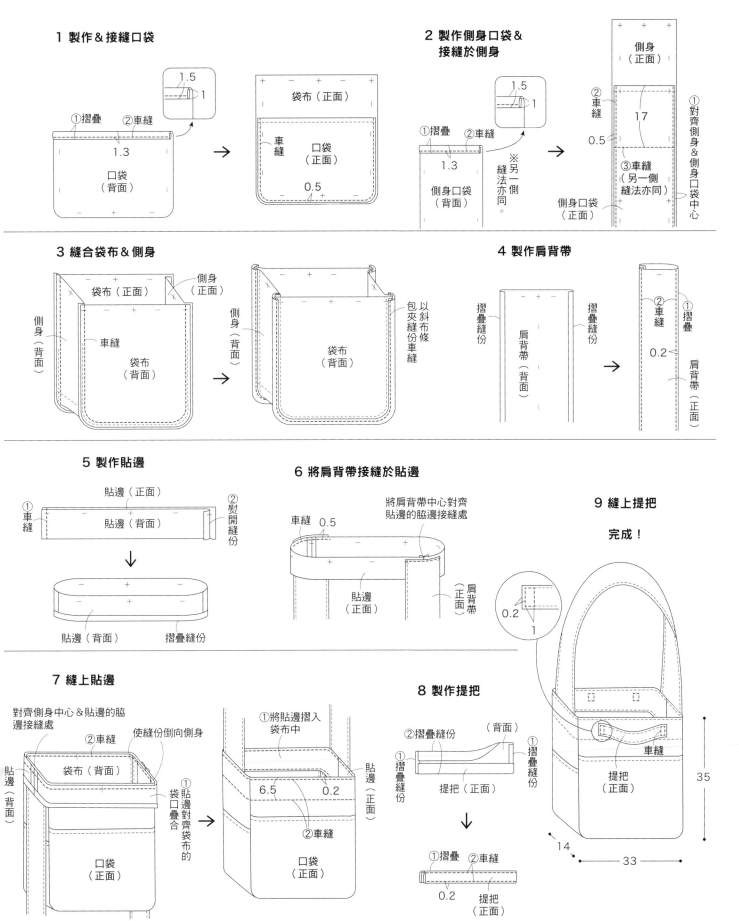

1 製作＆接縫口袋

①摺疊　②車縫
1.5
1
口袋（背面）
1.3
車縫
袋布（正面）
車縫
口袋（正面）
0.5

2 製作側身口袋＆接縫於側身

①摺疊　②車縫
1.5
1
側身口袋（背面）
1.3
※另一側縫法亦同。
側身（正面）
②車縫
0.5
17
③車縫（另一側縫法亦同）
①對齊側身＆側身口袋中心
側身口袋（正面）

3 縫合袋布＆側身

袋布（正面）
側身（正面）
側身（背面）
車縫
袋布（背面）
側身（背面）
袋布（背面）
以斜布條包夾縫份車縫

4 製作肩背帶

摺疊縫份
肩背帶（背面）
摺疊縫份
②車縫
①摺疊
0.2
肩背帶（正面）

5 製作貼邊

①車縫
貼邊（正面）
貼邊（背面）
②熨開縫份
貼邊（背面）
摺疊縫份

6 將肩背帶接縫於貼邊

車縫　0.5
將肩背帶中心對齊貼邊的脇邊接縫處
貼邊（正面）
肩背帶（正面）

9 縫上提把
完成！

0.2
1
35
14
33
提把（正面）
車縫

7 縫上貼邊

對齊側身中心＆貼邊的脇邊接縫處
②車縫
使縫份倒向側身
貼邊（背面）
袋布（背面）
①貼邊對齊袋布的袋口疊合
口袋（正面）
①將貼邊摺入袋布中
6.5　0.2
②車縫
貼邊（正面）
口袋（正面）

8 製作提把

②摺疊縫份
（背面）
①摺疊縫份
提把（正面）
①摺疊　②車縫
0.2
提把（正面）

材料

A布〔棉麻帆布〕110cm寬80cm

B布〔棉麻帆布〕60cm寬80cm

接著襯〔日本貓頭鷹媽媽牌 AM-F1〕90cm寬50cm

拉鍊 40cm 1條

完成尺寸 高27cm 寬27cm 側身18cm

原寸紙型 A面 01

1 表袋布‧裡袋布
2 表口布‧裡口布
3 提把
4 拉鍊尾片
5 口袋

A布的裁布圖 ※表袋布的接著襯改以橫寬的布紋方向進行裁剪。

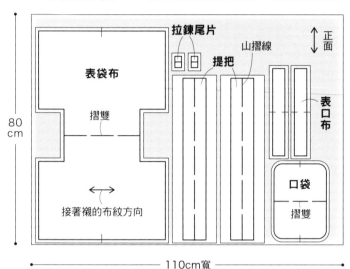

B布的裁布圖

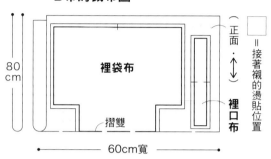

= 接著襯的燙貼位置

※製作表袋布及口袋時，需於「摺雙」處翻轉紙型畫出另外半邊再裁剪。

作法

1 製作口袋

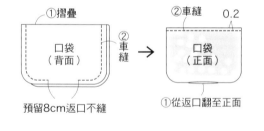

2 縫上口袋

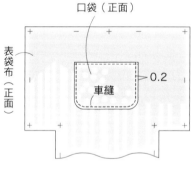

3 車縫表袋布脇邊

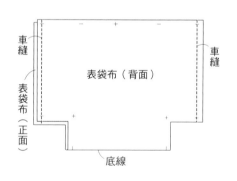

4 車縫表袋布側身

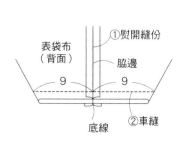

5 車縫裡袋布脇邊

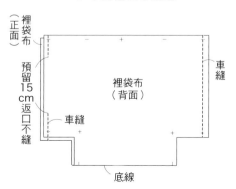

6 車縫裡袋布側身

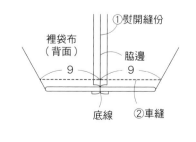

7 製作口布

表口布（正面）
裡口布（背面）
車縫

8 將口布縫上拉鍊

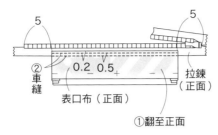

5
5
②車縫
0.2 0.5
表口布（正面）
拉鍊（正面）
①翻至正面

※拉鍊另一側也縫上口布。

9 製作拉鍊尾片

拉鍊尾片（背面）
摺疊縫份
摺疊縫份
摺疊縫份
拉鍊尾片（正面）
摺疊
拉鍊尾片（正面）

10 縫上拉鍊尾片

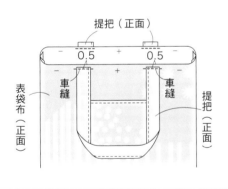

0.2cm處車縫
2
0.2cm處車縫
拉鍊（正面）
拉鍊尾片（正面）
2
摺疊
包夾拉鍊尾端車縫
0.2

11 製作提把

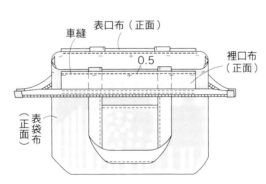

提把（正面）
摺疊縫份
②車縫
0.2
提把（正面）
①摺疊

12 縫上提把

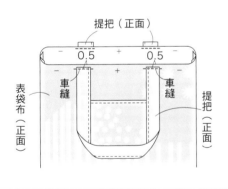

提把（正面）
0.5
0.5
車縫
車縫
表袋布（正面）
提把（正面）

13 縫上口布

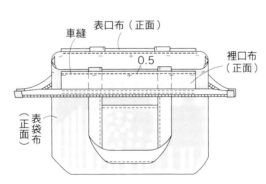

車縫
表口布（正面）
0.5
裡口布（正面）
表袋布（正面）

14 縫合表袋布＆裡袋布

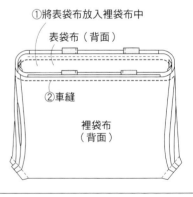

①將表袋布放入裡袋布中
表袋布（背面）
②車縫
裡袋布（背面）

15 從返口翻至正面

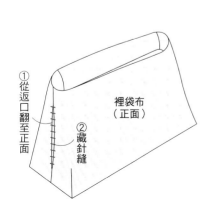

①從返口翻至正面
裡袋布（正面）
②藏針縫

16 沿袋口車縫裝飾線

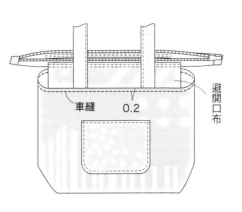

車縫 0.2
避開口布

完成！

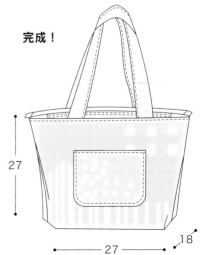

27
27
18

材料
A布〔06緹花布／07藍色素面布〕110cm寬50cm
B布〔尼龍布〕110cm寬60cm
接著襯 110cm寬50cm
鈕釦 06 直徑2.5cm／07 直徑2cm 1個
磁釦 直徑1.8cm 1組
壓克力織帶〔僅06〕2.5cm寬100cm
包包底板 34cm×13cm 1片

完成尺寸 高30cm 寬35cm 側身14cm

原寸紙型 D面 06・07
1 表袋布・裡袋布
2 提把
3 內口袋

B布的裁布圖

※製作內口袋時，需於「摺雙」處翻轉紙型畫出另外半邊再裁剪。

60cm

110cm寬

正面

裡袋布

3
3
磁釦位置

裡袋布

內口袋

山摺線
摺雙

06 A布的裁布圖

□ = 接著襯的燙貼位置

50cm

正面

表袋布

表袋布

提把

110cm寬

07 A布的裁布圖

50cm

正面

表袋布

表袋布

提把

山摺線

110cm寬

作法

1 製作內口袋

①摺疊
②車縫
內口袋（背面）
預留5cm返口不縫

→

②車縫 0.3
內口袋（正面）
①從返口翻至正面

2 縫上內口袋＆安裝磁釦（凹）

裝上磁釦（凹）
裡袋布（正面）
內口袋（正面）
車縫
0.3

3 裝上磁釦（凸）

裝上磁釦（凸）
裡袋布（正面）

4 製作提把

07
摺疊縫份
提把（背面）

→

提把（正面）
②車縫
①摺疊
0.3
0.3

06
①摺疊縫份
提把（正面）
壓克力織帶
②車縫
0.3 0.3

5 縫上提把

車縫
讓提把超出0.5cm
0.5
提把（正面）
表袋布（正面）

6 縫合表袋布

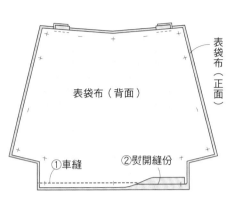

表袋布（背面）
表袋布（正面）
①車縫　②熨開縫份

7 縫合裡袋布

裡袋布（背面）
裡袋布（正面）
①車縫　②熨開縫份

8 縫合表袋布 &
**　裡袋布**

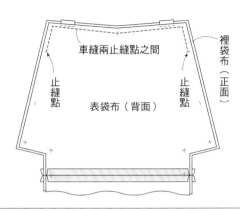

車縫兩止縫點之間
裡袋布（正面）
止縫點
止縫點
表袋布（背面）

9 縫合脇邊

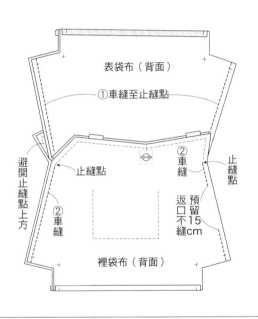

表袋布（背面）
①車縫至止縫點
避開止縫點上方
止縫點
②車縫
止縫點
②車縫
返口預留不縫15cm
②車縫
裡袋布（背面）

10 車縫表袋布側身

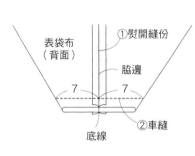

表袋布（背面）
①熨開縫份
脇邊
7　7
底線
②車縫

11 車縫裡袋布側身

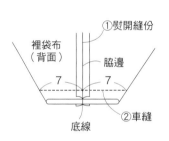

裡袋布（背面）
①熨開縫份
脇邊
7　7
底線
②車縫

12 翻至正面，
**　車縫袋口一圈**

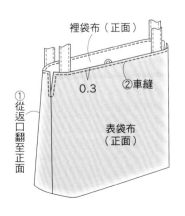

裡袋布（正面）
0.3
②車縫
①從返口翻至正面
表袋布（正面）

13 放入包包底板，縫合返口

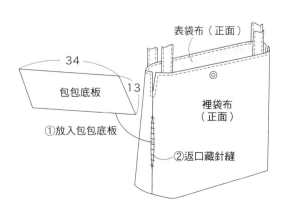

表袋布（正面）
34
包包底板
13
裡袋布（正面）
①放入包包底板
②返口藏針縫

完成！

3
縫上鈕釦
30
35
14

45

材料

A布〔8號帆布〕100cm寬80cm

壓克力織帶〔INAZUMA BT-302 ＃3 3cm寬〕190cm

四合釦 直徑1.2cm 1組

羅紋織帶 2cm寬200cm

完成尺寸 高約26cm 寬約31cm 側身約14cm

原寸紙型　C面　04
1 袋布
2 底布
3 外口袋
4 內口袋

A布的裁布圖

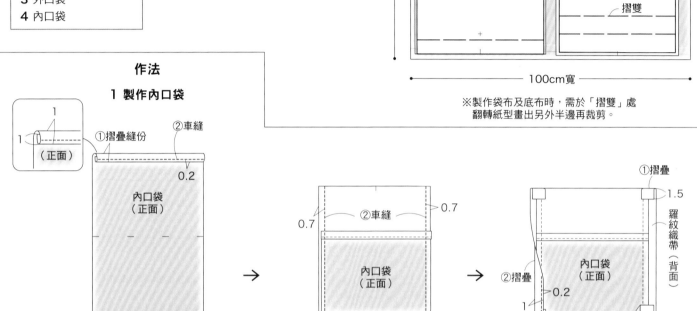

※製作袋布及底布時，需於「摺雙」處
翻轉紙型畫出另外半邊再裁剪。

作法

1 製作內口袋

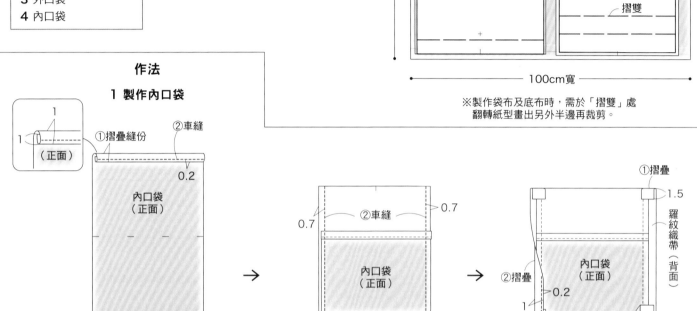

2 製作外口袋

3 在貼邊的布邊以羅紋織帶滾邊

4 縫合底部＆袋布

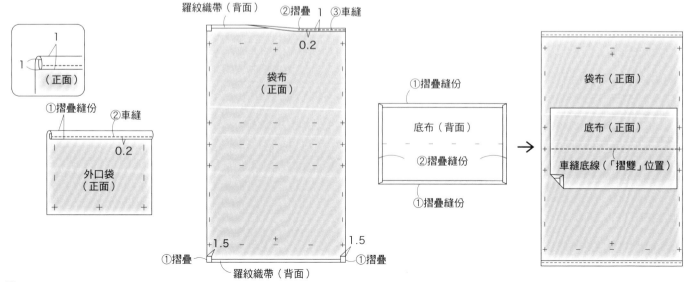

5 將外口袋縫在袋布上

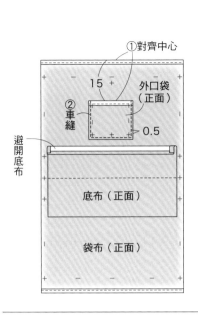

①對齊中心

15

②車縫

外口袋（正面）

0.5

避開底布

底布（正面）

袋布（正面）

6 縫上提把

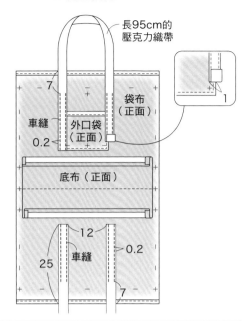

長95cm的壓克力織帶

－7

袋布（正面）

車縫

外口袋（正面）

0.2

底布（正面）

1

12

25

車縫

0.2

7

7 縫合袋布＆底布

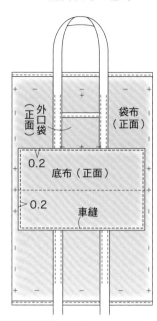

外口袋（正面）

袋布（正面）

0.2

底布（正面）

0.2

車縫

8 縫上內口袋

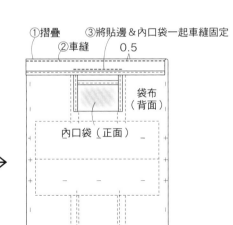

5

對齊中心

內口袋（正面）

袋布（背面）

→

①摺疊

②車縫

③將貼邊＆內口袋一起車縫固定

0.5

內口袋（正面）

袋布（背面）

9 加強縫牢提把

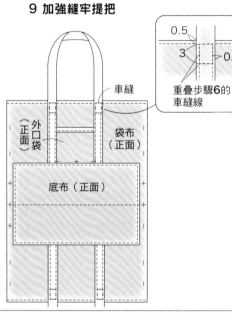

車縫

外口袋（正面）

袋布（正面）

底布（正面）

0.5

3

0.2

重疊步驟6的車縫線

10 縫合脇邊

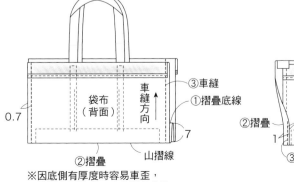

③車縫

①摺疊底線

車縫方向

袋布（背面）

0.7

7

②摺疊

山摺線

※因底側有厚度時容易車歪，請從底側往袋口方向進行車縫。

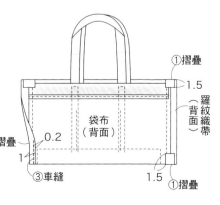

①摺疊

②車縫

1.5

袋布（背面）

羅紋織帶（背面）

0.2

②摺疊

1

③車縫

1.5

①摺疊

11 裝上四合釦，完成！

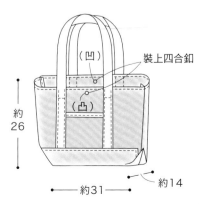

（凹）

裝上四合釦

（凸）

約26

約31

約14

材料

A布〔8號帆布〕60cm 寬50cm

壓克力織帶（肩背帶型提把）〔INAZUMA YAT1420＃3 2cm寬〕1條

壓克力織帶〔INAZUMA BT-202 ＃3 2cm寬〕110cm

D型環〔INAZUMA AK-6-28＃AG 2cm〕2個

四合釦 直徑1.2cm 1組

羅紋織帶 2cm寬130cm

完成尺寸 高約15cm 寬約19cm 側身約6cm

A布的裁布圖

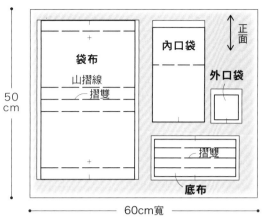

50cm

60cm寬

※製作袋布、底布時，需於「摺雙」處翻轉紙型畫出另外半邊再裁剪。

原寸紙型 C面 03
1 袋布
2 底布
3 外口袋
4 內口袋

作法順序

※①至④、⑦、⑪、⑫參見p.46至p.47。

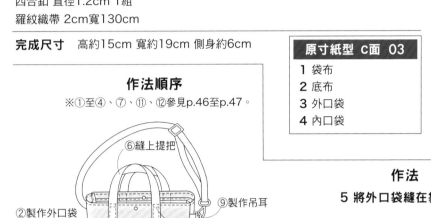

⑥縫上提把
②製作外口袋
⑤將外口袋縫在袋布上
⑨製作吊耳
⑩縫上提把，疏縫吊耳
⑪縫合脇邊
④將底布＆袋布一起車縫底線
⑦縫合袋布＆底布

⑫裝上四合釦
③在貼邊的布邊以羅紋織帶滾邊
⑧縫上內口袋
①製作內口袋

作法

5 將外口袋縫在袋布上

6 縫上提把

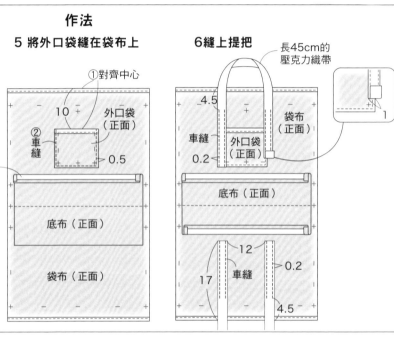

8 縫上內口袋

9 製作吊耳

夾住D型環
②車縫
0.5
①對摺
長6cm的壓克力織帶

10 縫上提把，疏縫吊耳

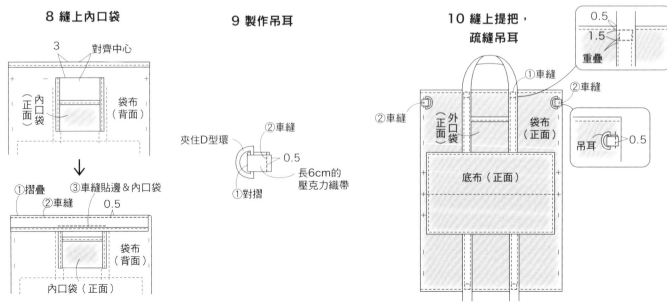

材料

A布〔半亞麻斜紋布〕100cm寬40cm
B布〔棉質條紋布〕70cm寬40cm
接著襯〔日本貓頭鷹媽媽牌 AM-F1〕70cm寬40cm
拉鍊 30cm 2條
提把〔INAZUMA YAT-1409＃11 1cm寬〕1條
D型環〔INAZUMA AK-6-14 ＃AG 內徑1cm〕2個
文字布標 1片

完成尺寸 高33cm 寬27cm

原寸紙型 F面 12
1 表袋布・裡袋布
2 口袋
3 吊耳

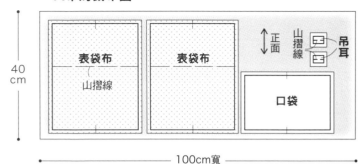

A布的裁布圖

B布的裁布圖

作法

1 製作吊耳

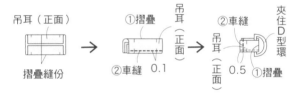

2 將拉鍊接縫於口袋

※另一條縫法亦同。

3 縫上文字布標

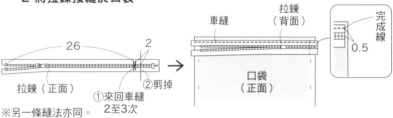

4將口袋接縫於表袋布

**5
在袋布的袋口處
車縫拉鍊**
（參見p.38）

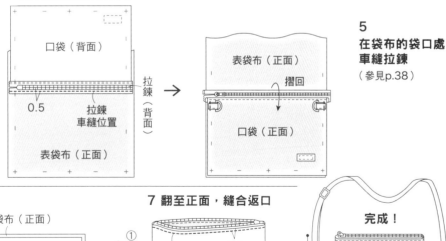

6 縫合表袋布＆裡袋布

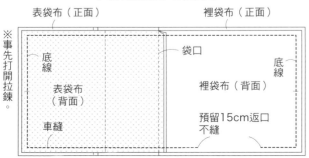

7 翻至正面，縫合返口

完成！

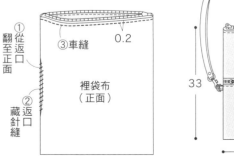

p.10 08・09 斜拼接單肩包

材料（1個）
A布〔08印花布／09條紋布〕50cm寬70cm
B布〔08印花布〕40cm寬70cm〔09素色棉布〕50cm寬70cm
C布〔尼龍布〕110cm寬50cm
接著襯 100cm寬70cm
磁釦 直徑1.8cm 1組
包包底板 20cm×20cm 1片
織帶〔僅08〕5cm寬70cm

完成尺寸 高約32cm 寬約21cm 側身約21cm

原寸紙型 B面 08・09
1 表袋布
2 提把
3 裡袋布
4 內口袋

08 A布的裁布圖
09 A布・B布的裁布圖
08 B布的裁布圖

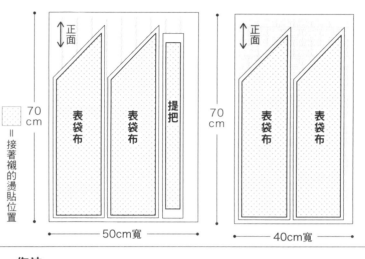

70cm = 接著襯的燙貼位置

50cm寬　40cm寬

08・09 C布的裁布圖

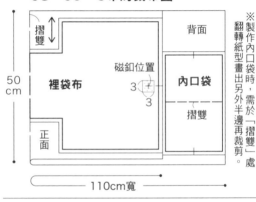

※製作內口袋時，需於「摺雙」處翻轉紙型畫出另外半邊再裁剪。

50cm　110cm寬

摺雙　背面　磁釦位置　內口袋　裡袋布　正面　摺雙

作法

1 縫合2片表袋布

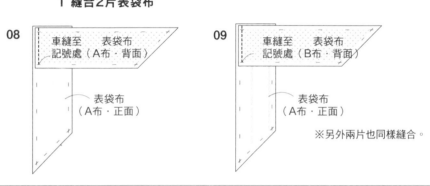

08 車縫至記號處 表袋布（A布・背面） 表袋布（A布・正面）

09 車縫至記號處 表袋布（B布・背面） 表袋布（A布・正面）

※另外兩片也同樣縫合。

2 縫合4片表袋布

08的接縫法

09的接縫法

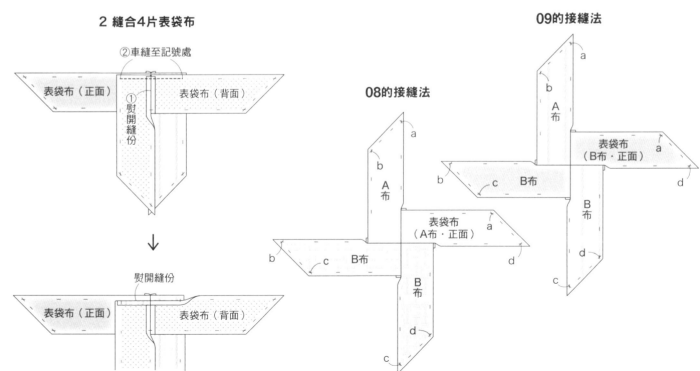

②車縫至記號處
①熨開縫份
表袋布（正面）　表袋布（背面）
熨開縫份

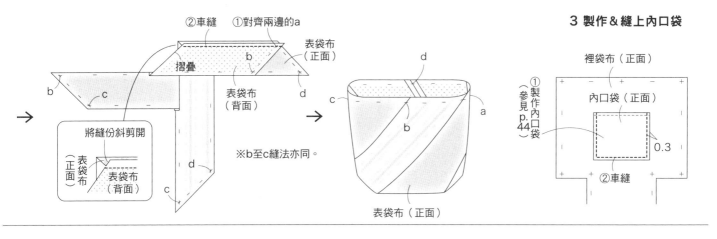

②車縫　①對齊兩邊的a

表袋布（正面）

摺疊

b

表袋布（背面）

d

將縫份斜剪開

表袋布（正面）

表袋布（背面）

c

d

※b至c縫法亦同。

d

c

b

a

表袋布（正面）

3 製作＆縫上內口袋

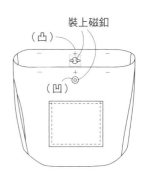

裡袋布（正面）

①製作內口袋（參見p.44）

內口袋（正面）

0.3

②車縫

4 縫合裡袋布脇邊

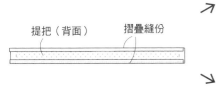

裡袋布（正面）

②車縫

返口不縫留20cm

單邊預

裡袋布（背面）

③熨開縫份

①摺疊

5 車縫裡袋布側身

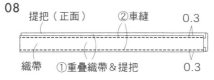

脇邊　裡袋布（背面）

10.6　10.6

車縫　底線

6 在裡袋布安裝磁釦

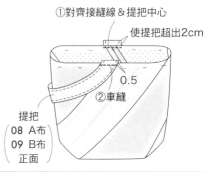

裝上磁釦

（凸）

（凹）

7 製作提把

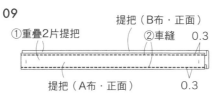

提把（背面）　摺疊縫份

08　提把（正面）　②車縫　0.3

織帶　①重疊織帶＆提把　0.3

09　①重疊2片提把　提把（B布・正面）　②車縫　0.3

提把（A布・正面）　0.3

8 縫上提把

①對齊接縫線＆提把中心

使提把超出2cm

0.5

②車縫

提把
08 A布
09 B布
正面

9 縫合表袋布 ＆裡袋布

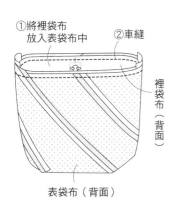

①將裡袋布放入表袋布中

②車縫

裡袋布（背面）

表袋布（背面）

10 放入包包底板，縫合返口

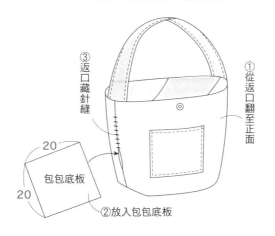

③返口藏針縫

①從返口翻至正面

20

20

包包底板

②放入包包底板

11 縫合袋口

完成！

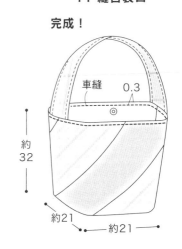

車縫　0.3

約32

約21

約21

材料

A布〔格琳方格布〕90cm寬50cm

B布〔十字織紋布〕90cm寬50cm

單膠鋪棉〔日本貓頭鷹媽媽牌 MKM-1P〕90cm寬50cm

接著襯 3cm×3cm

拉鍊 30cm 1條

提把〔INAZUMA YAS-1514A＃11 1.5cm寬〕1條

D型環〔INAZUMA AK-6-21＃AG 內徑1.5cm〕2個

磁釦 直徑1.4cm 1組

完成尺寸 高20cm 寬25cm 側身8cm

原寸紙型 A面 10

1 表袋布・裡袋布

2 表口袋・裡口袋

3 表拉鍊側身・裡拉鍊側身

4 表側身・裡側身

5 吊耳

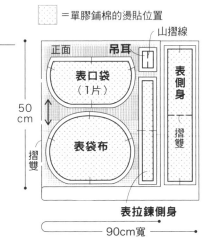

A布的裁布圖

▨＝單膠鋪棉的燙貼位置

B布的裁布圖

▨＝接著襯的燙貼位置

※製作表側身、裡側身時，需於「摺雙」處翻轉紙型畫出另外半邊再裁剪。

作法

1 製作口袋

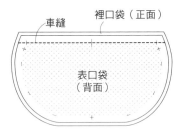

2 在裡口袋安裝磁釦

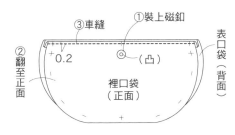

3 在表口袋安裝磁釦

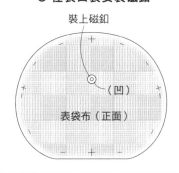

4 將表袋布縫上口袋

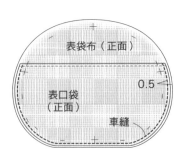

5 縫上拉鍊

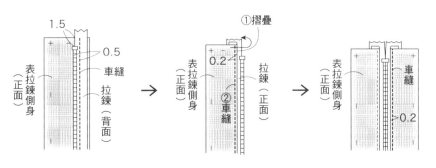

※另一側縫法亦同。

6 製作吊耳

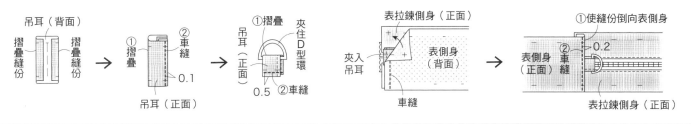

7 夾入吊耳，縫合表拉鍊側身＆表側身

8 縫合表袋布
＆表側身

9 縫合裡拉鍊側身
＆裡側身

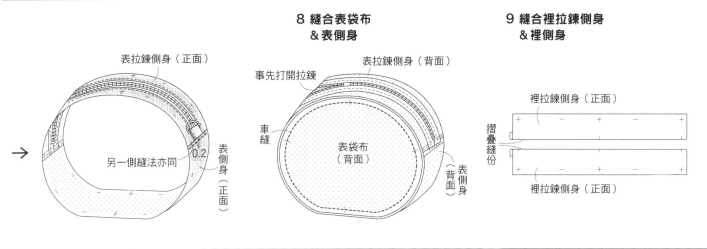

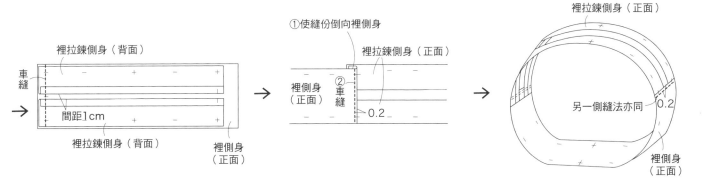

10 縫合裡袋布
＆裡側身

11 縫合表袋布
＆裡袋布

12
接上提把，
完成！

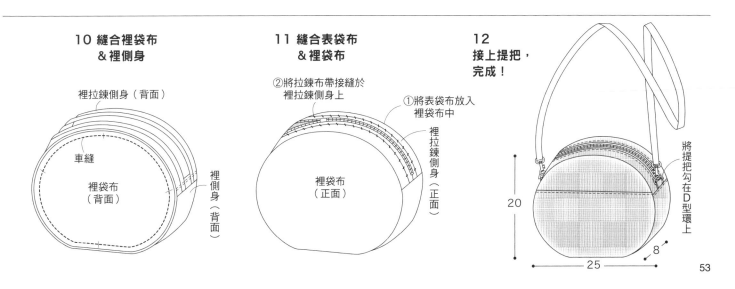

材料

A布〔先染厚織斜紋布〕120cm寬50cm

B布〔棉布〕80cm寬50cm

貼襯〔免燙貼襯 NS-1P〕50cm×100cm

雞眼釦 內徑0.8cm 12組

日型環 內徑2.5cm 1個

口型環 內徑2.5cm 2個

圓繩 粗0.5cm 110cm

完成尺寸　高30cm 寬18cm 側身18cm

原寸紙型 A面 11
1 表袋布·裡袋布
2 口布
3 肩背帶
4 吊耳

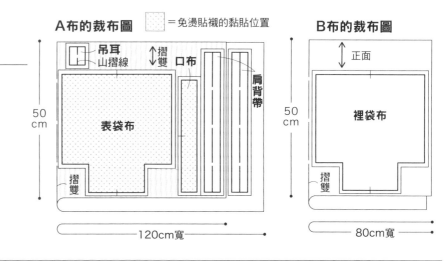

□ =免燙貼襯的黏貼位置

A布的裁布圖

吊耳
山摺線
摺雙
口布
肩背帶
表袋布
摺雙
50cm
120cm寬

B布的裁布圖

正面
裡袋布
50cm
摺雙
80cm寬

作法

1 將口布縫在表袋布上

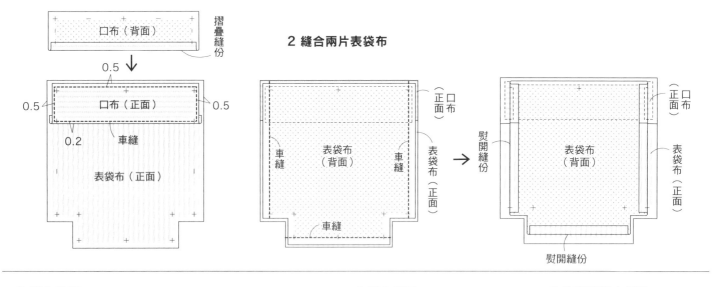

口布（背面）
摺疊縫份
0.5
0.5　口布（正面）　0.5
0.2　車縫
表袋布（正面）

2 縫合兩片表袋布

口布
正面
車縫　表袋布（背面）　車縫
表袋布（正面）
車縫
→
熨開縫份
口布
正面
表袋布（背面）
表袋布（正面）
熨開縫份

3 製作吊耳

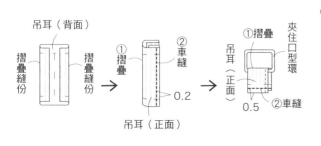

吊耳（背面）
摺疊縫份　摺疊縫份
①摺疊
②車縫
0.2
吊耳（正面）
①摺疊
吊耳（正面）
夾住口型環
0.5　②車縫

4 縫上吊耳

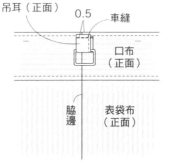

吊耳（正面）
0.5　車縫
口布（正面）
脇邊
表袋布（正面）

5 車縫表袋布側身

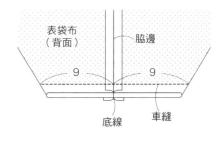

表袋布（背面）
脇邊
9　9
底線　車縫

6 縫合兩片裡袋布

裡袋布（正面）

車縫

車縫

裡袋布（背面）

車縫

7 車縫裡袋布側身

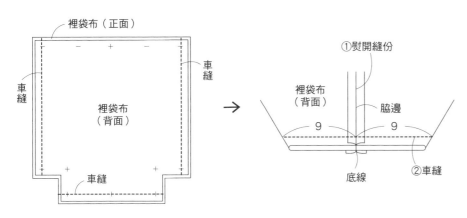

①熨開縫份

裡袋布（背面）

脇邊

9　9

②車縫

底線

8 縫合表袋布＆裡袋布

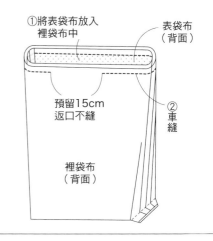

①將表袋布放入裡袋布中

表袋布（背面）

預留15cm返口不縫

②車縫

裡袋布（背面）

9 從返口翻至正面

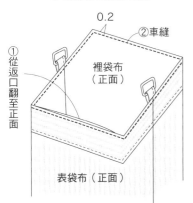

0.2

②車縫

裡袋布（正面）

①從返口翻至正面

表袋布（正面）

10 裝上雞眼釦後穿過圓繩

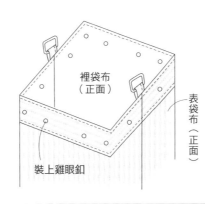

裡袋布（正面）

表袋布（正面）

裝上雞眼釦

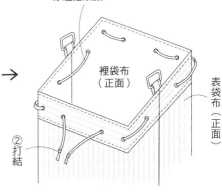

①將長110cm的圓繩穿過雞眼釦

裡袋布（正面）

表袋布（正面）

②打結

11 車縫3片肩背帶布

車縫

肩背帶（背面）

肩背帶（正面）

熨開縫份

肩背帶（背面）

※另一片也同樣縫合。

肩背帶（正面）

摺疊縫份

②車縫　0.2

肩背帶（正面）

①摺疊

完成！

12 將肩背帶穿過口型環，止縫固定

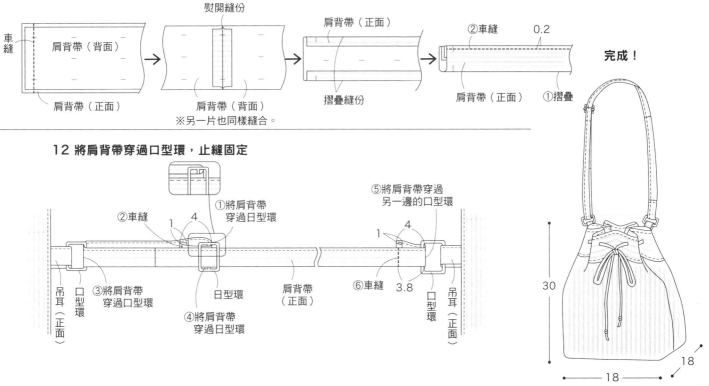

②車縫　1　4

①將肩背帶穿過日型環

吊耳

口型環

③將肩背帶穿過口型環

日型環

④將肩背帶穿過日型環

肩背帶（正面）

⑤將肩背帶穿過另一邊的口型環

1　4

⑥車縫　3.8

口型環

吊耳（正面）

30

18

18

材料

A布〔先染厚織斜紋布〕80cm寬40cm
B布〔棉布〕100cm寬40cm
接著襯〔日本貓頭鷹媽媽牌 AM-GS5〕80cm寬40cm
拉鍊 35cm 1條
文字布標〔5cm×4cm〕1片
腰包專用壓克力背帶〔INAZUMA BS-1238 #11 3.8cm寬〕1條

完成尺寸 高約13cm 寬30cm

原寸紙型 C面 13
1 表袋布前片·裡袋布前片
2 表袋布後片·裡袋布後片
3 表蓋·裡蓋
4 背帶固定片
5 內口袋

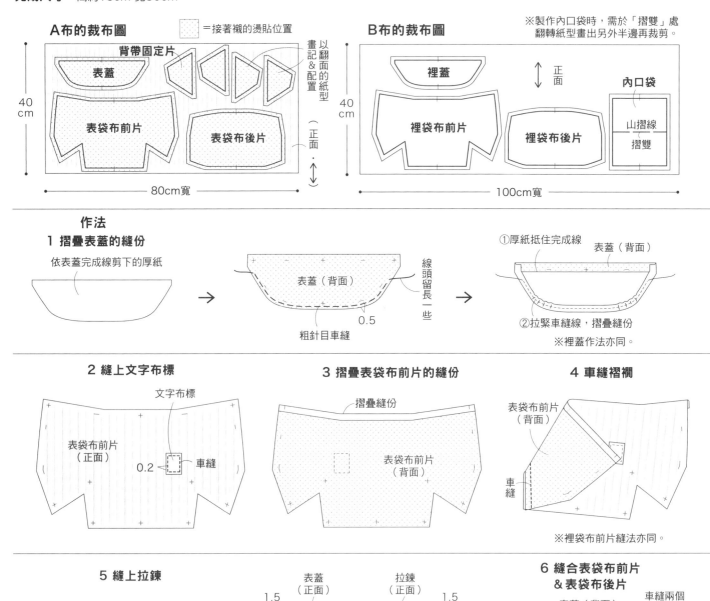

A布的裁布圖　　=接著襯的燙貼位置

以翻面的紙型畫記&配置

背帶固定片

表蓋

40cm

表袋布前片　　表袋布後片

（正面）

80cm寬

B布的裁布圖

※製作內口袋時，需於「摺雙」處翻轉紙型畫出另外半邊再裁剪。

裡蓋

40cm

正面

裡袋布前片　　裡袋布後片

內口袋

山摺線

摺雙

100cm寬

作法

1 摺疊表蓋的縫份

依表蓋完成線剪下的厚紙

表蓋（背面）

0.5

粗針目車縫

線頭留長一些

①厚紙抵住完成線　表蓋（背面）

②拉緊車縫線，摺疊縫份

※裡蓋作法亦同。

2 縫上文字布標

文字布標

表袋布前片（正面）

0.2　車縫

3 摺疊表袋布前片的縫份

摺疊縫份

表袋布前片（背面）

4 車縫褶襉

表袋布前片（背面）

車縫

※裡袋布前片縫法亦同。

5 縫上拉鍊

車縫　　車縫

拉鍊（正面）

※拉鍊兩端的處理方式參見p.37。

表蓋（正面）　拉鍊（正面）

1.5　　車縫　0.2　　1.5

1.5　車縫　0.2　0.5　1.5

表袋布前片（正面）

6 縫合表袋布前片 & 表袋布後片

事先打開拉鍊　表蓋（背面）　車縫兩個記號之間

車縫兩個記號之間

表袋布前片（背面）

使尖褶的縫份倒向脇邊　　表袋布後片（正面）

7 製作右前背帶固定片

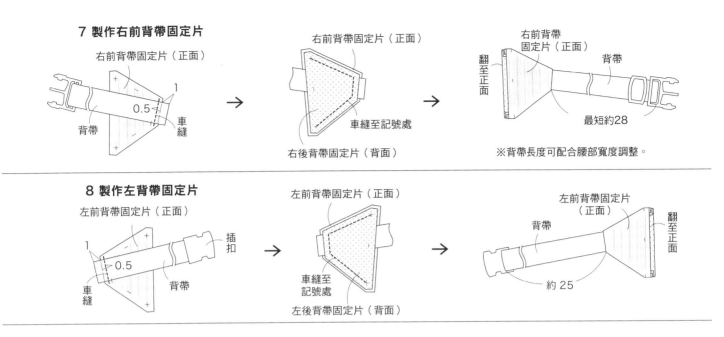

右前背帶固定片（正面）

背帶

0.5

車縫

1

→

右前背帶固定片（正面）

車縫至記號處

右後背帶固定片（背面）

→

翻至正面

右前背帶
固定片（正面）

背帶

最短約28

※背帶長度可配合腰部寬度調整。

8 製作左背帶固定片

左前背帶固定片（正面）

1

0.5

車縫

插扣

背帶

→

左前背帶固定片（正面）

車縫至
記號處

左後背帶固定片（背面）

→

左前背帶固定片
（正面）

背帶

翻至正面

約25

9 縫上背帶固定片

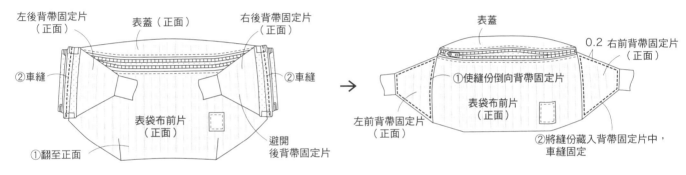

左後背帶固定片
（正面）

表蓋（正面）

右後背帶固定片
（正面）

②車縫

②車縫

①翻至正面

表袋布前片
（正面）

避開
後背帶固定片

→

表蓋

0.2 右前背帶固定片
（正面）

①使縫份倒向背帶固定片

左前背帶固定片
（正面）

表袋布前片
（正面）

②將縫份藏入背帶固定片中，
車縫固定

10 製作內口袋

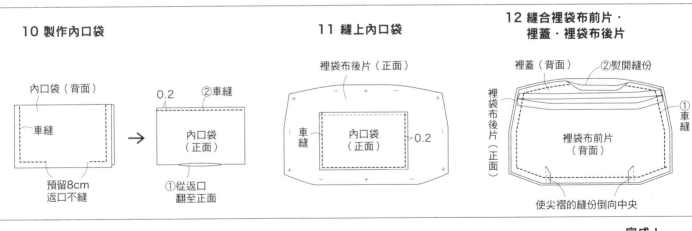

內口袋（背面）

車縫

預留8cm
返口不縫

→

0.2

②車縫

內口袋
（正面）

①從返口
翻至正面

11 縫上內口袋

裡袋布後片（正面）

車縫

內口袋
（正面）

0.2

12 縫合裡袋布前片·
裡蓋·裡袋布後片

裡蓋（背面）

②熨開縫份

裡袋布後片（正面）

裡袋布前片
（背面）

①車縫

使尖褶的縫份倒向中央

13 縫合表袋布＆裡袋布

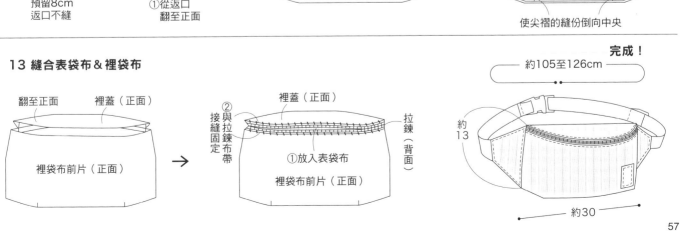

翻至正面

裡蓋（正面）

裡袋布前片（正面）

→

②接縫固定

裡蓋（正面）

與拉鍊布帶

拉鍊（背面）

①放入表袋布

裡袋布前片（正面）

完成！

約105至126cm

約13

約30

材料

A布〔彩色薄帆布〕100cm寬90cm
B布〔棉質條紋布〕100cm寬60cm
接著襯〔日本貓頭鷹媽媽牌 AM-F1〕100cm寬70cm
拉鍊 60cm 1條
壓克力織帶〔INAZUMA BT-382 #11 3.8cm寬〕220cm
提把〔INAZUMA YAT-421 #11 全長42cm 寬0.9cm〕1組
日型環〔INAZUMA AK-24-38 #S 內徑3.8cm〕2個
口型環〔INAZUMA AK-5-38 #S 內徑3.8cm〕2個
支架口金〔INAZUMA BK-3061 高7cm 寬30cm〕2個
磁釦 直徑1.4cm 1組

完成尺寸 高40cm 寬30cm 側身16cm

原寸紙型 C面 14
1 表袋布・裡袋布
2 掀蓋
3 口袋
4 拉鍊尾片

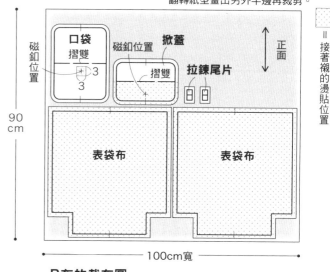

A布的裁布圖

※製作口袋、掀蓋時，需於「摺雙」處翻轉紙型畫出另外半邊再裁剪。

□ = 接著襯的燙貼位置

B布的裁布圖

作法

1 製作口袋

2 製作掀蓋

3 縫上口袋

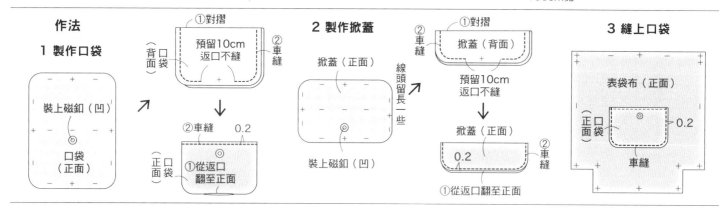

4 縫上掀蓋＆提把

5 製作吊耳

6 製作肩背帶

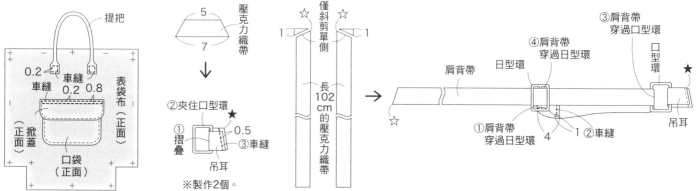

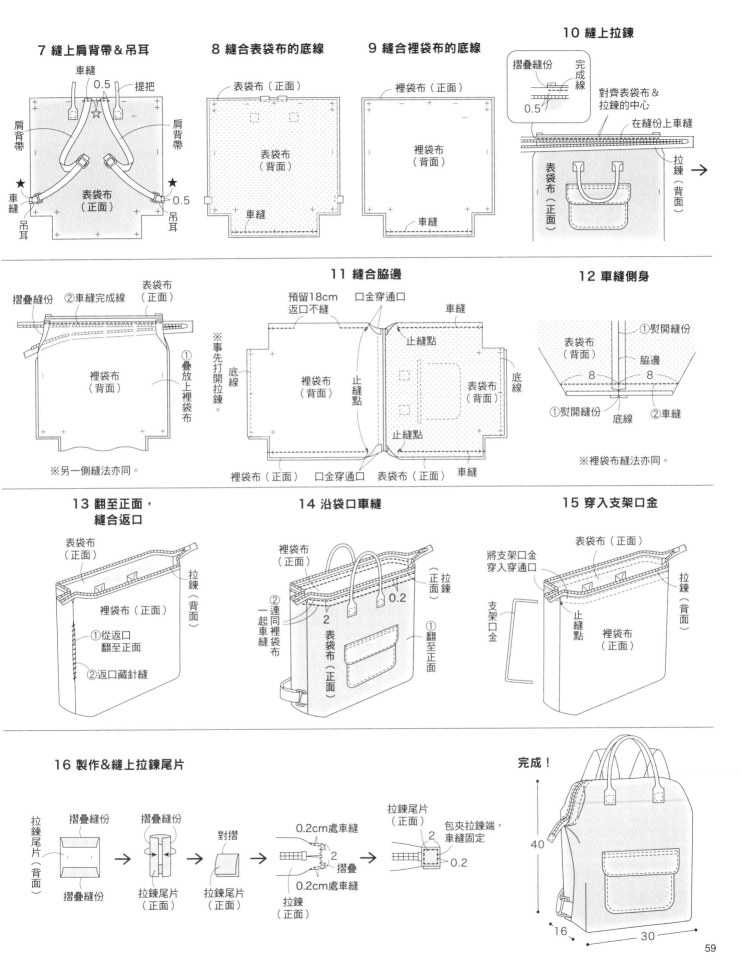

7 縫上肩背帶＆吊耳

車縫
0.5
提把
肩背帶
肩背帶
車縫
★
★
0.5
吊耳
吊耳
表袋布（正面）

8 縫合表袋布的底線

表袋布（正面）
表袋布（背面）
車縫

9 縫合裡袋布的底線

裡袋布（正面）
裡袋布（背面）
車縫

10 縫上拉鍊

摺疊縫份　完成線
0.5
對齊表袋布＆拉鍊的中心
在縫份上車縫
表袋布（正面）
拉鍊（背面）
→

摺疊縫份
②車縫完成線
表袋布（正面）
①疊放上裡袋布
裡袋布（背面）
※事先打開拉鍊。
※另一側縫法亦同。

11 縫合脇邊

預留18cm返口不縫
口金穿通口
車縫
止縫點
底線
裡袋布（背面）
止縫點
表袋布（背面）
底線
裡袋布（正面）
口金穿通口
表袋布（正面）
車縫
止縫點

12 車縫側身

①燙開縫份
表袋布（背面）
脇邊
8　8
①燙開縫份　底線　②車縫
※裡袋布縫法亦同。

13 翻至正面，縫合返口

表袋布（正面）
拉鍊（背面）
裡袋布（正面）
①從返口翻至正面
②返口藏針縫

14 沿袋口車縫

裡袋布（正面）
拉鍊（正面）
②連同裡袋布一起車縫
0.2
2
表袋布（正面）
①翻至正面

15 穿入支架口金

表袋布（正面）
拉鍊（背面）
將支架口金穿入穿通口
支架口金
止縫點
裡袋布（正面）

16 製作＆縫上拉鍊尾片

拉鍊尾片（背面）
摺疊縫份
摺疊縫份
摺疊縫份
拉鍊尾片（正面）
對摺
拉鍊尾片（正面）
0.2cm處車縫
2
摺疊
0.2cm處車縫
拉鍊（正面）
拉鍊尾片（正面）
包夾拉鍊端，車縫固定
2
0.2

完成！

40
16
30

材料

A布〔棉麻混紡印花布〕110cm寬50cm

B布〔尼龍布〕110cm寬50cm

接著襯 110cm寬50cm

單膠鋪棉 30cm寬40cm

壓克力織帶 2.5cm寬340cm

合成皮革帶 3.5cm寬7cm

日型環 內徑2.5cm2個

口型環 內徑2.5cm 4個

磁釦 直徑1.5cm 1組

金屬鉚釘 直徑1cm 2組

包包底板 25cm×11cm 1片

完成尺寸 高38cm 寬26cm 側身12cm

原寸紙型 D面 15
1 表袋布・裡袋布
2 外口袋・內口袋
3 吊耳A

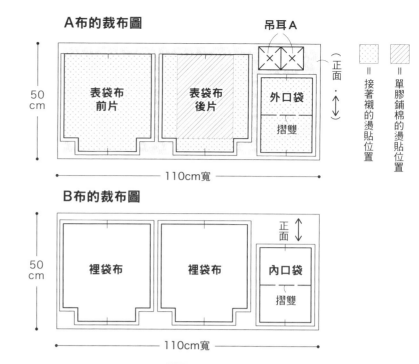

A布的裁布圖

B布的裁布圖

表袋布後片貼好接著襯後，在（ ▨ ）處再重疊燙貼單膠鋪棉。

※製作外口袋、內口袋時，需於「摺雙」處翻轉紙型畫出另外半邊再裁剪。

作法

1 製作吊耳A

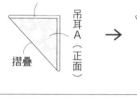
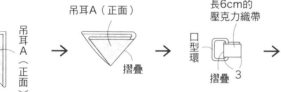

2 將吊耳A縫在表袋布後片上

3 製作外口袋

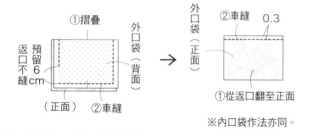

※內口袋作法亦同。

4 製作釦片

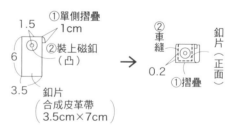

5 將釦片縫在外口袋上

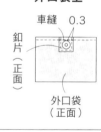

6 在表袋布前片安裝磁釦

7 將外口袋縫在表袋布前片

8 將內口袋縫在裡袋布後片

9 製作肩背帶

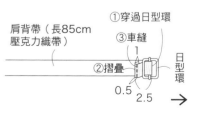

10 縫合底線

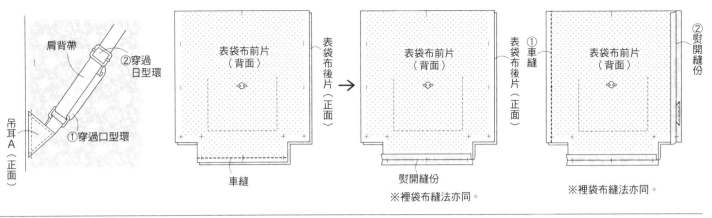

吊耳A（正面）

肩背帶
②穿過日型環
①穿過口型環

表袋布前片（背面）
表袋布後片（正面）

車縫

表袋布前片（背面）
表袋布後片（正面）

熨開縫份

※裡袋布縫法亦同。

11 縫合脇邊

表袋布前片（背面）
表袋布後片（正面）
①車縫
②熨開縫份

※裡袋布縫法亦同。

12 車縫側身

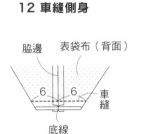

脇邊　表袋布（背面）
6　6　車縫
底線

※裡袋布縫法亦同。

13 製作吊耳B

口型環
摺疊
2.5
吊耳B（長5cm的壓克力織帶）

14 製作提把

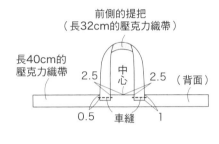

前側的提把（長32cm的壓克力織帶）
長40cm的壓克力織帶
2.5　中心　2.5　（背面）
0.5　車縫　1

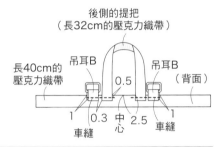

後側的提把（長32cm的壓克力織帶）
長40cm的壓克力織帶
吊耳B　0.5　吊耳B　（背面）
1　0.3　中心　2.5　1
車縫　車縫

15 表袋布縫上提把

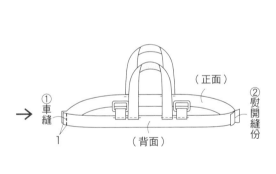

①車縫　1
（正面）
（背面）
②熨開縫份

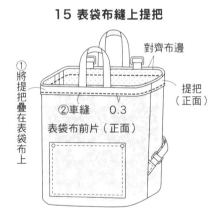

①將提把疊在表袋布上
對齊布邊
提把（正面）
②車縫　0.3
表袋布前片（正面）

16 縫合表袋布&裡袋布

摺疊袋口縫份
裡袋布前片（背面）

完成！

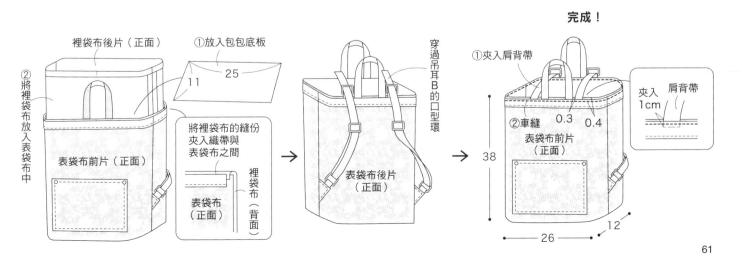

裡袋布後片（正面）
②將裡袋布放入表袋布中

①放入包包底板
11　25

將裡袋布的縫份夾入織帶與表袋布之間
表袋布（正面）
裡袋布（背面）

表袋布前片（正面）

穿過吊耳B的口型環
表袋布後片（正面）

①夾入肩背帶
②車縫　0.3　0.4
表袋布前片（正面）

夾入1cm　肩背帶

38
26　12

材料

A布〔尼龍布〕90cm寬100cm

B布〔印花布〕70cm寬20cm

壓克力織帶2cm寬 橘色・卡其色 各110cm

鬆緊帶 0.6cm寬40cm

完成尺寸 高約37cm 寬約40cm 側身14cm

原寸紙型 B面 16
1 袋布
2 口布
3 口袋

A布的裁布圖

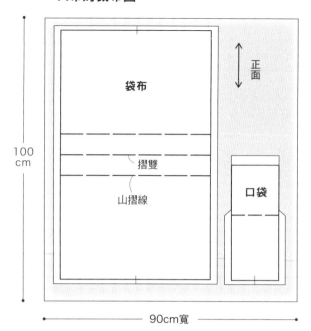

※製作袋布時，需於「摺雙」處翻轉紙型畫出另外半邊再裁剪。

B布的裁布圖

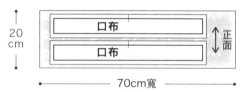

作法

1 製作口袋

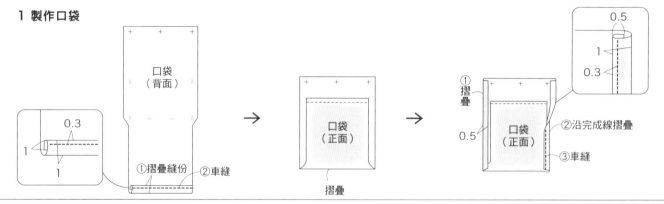

2 製作提把

3 製作口布

4 縫合脇邊

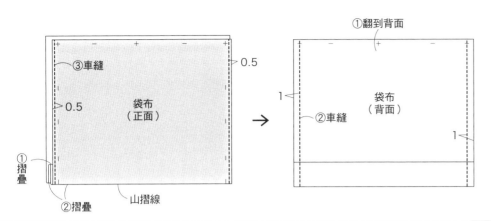

③車縫 0.5

0.5

袋布（正面）

①摺疊

②摺疊

山摺線

①翻到背面

袋布（背面）

②車縫

1

1

5 縫上口袋＆提把

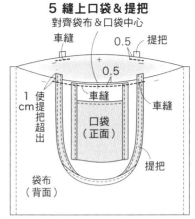

對齊袋布＆口袋中心

車縫 0.5 提把

0.5

1cm 使提把超出

車縫

口袋（正面）

車縫

提把

袋布（背面）

6 縫上口布

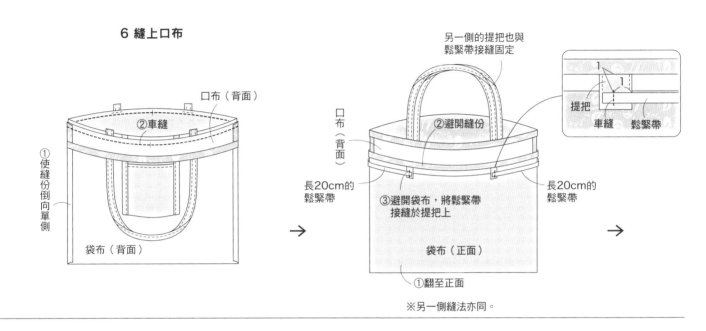

口布（背面）

②車縫

①使縫份倒向單側

袋布（背面）

另一側的提把也與鬆緊帶接縫固定

②避開縫份

口布（背面）

長20cm的鬆緊帶

③避開袋布，將鬆緊帶接縫於提把上

長20cm的鬆緊帶

①翻至正面

袋布（正面）

1

1

提把

車縫 鬆緊帶

※另一側縫法亦同。

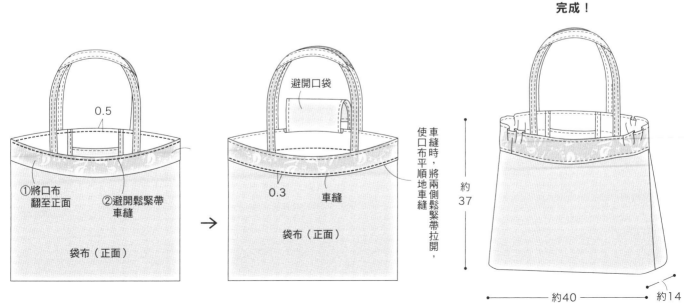

0.5

①將口布翻至正面

②避開鬆緊帶車縫

袋布（正面）

避開口袋

0.3 車縫

袋布（正面）

使口布平順地車縫，車縫時，將兩側鬆緊帶拉開，

完成！

約37

約40

約14

材料（1個）
A布〔18混麻帆布／19防潑水加工布料〕110cm寬60cm
B布〔尼龍布〕110cm寬60cm
磁釦 直徑1.8cm 1組
接著襯 6cm×3cm
包包底板 25cm×11cm 1片

完成尺寸 高22cm 寬26cm 側身12cm

原寸紙型 F面 18・19
1 表袋布・裡袋布
2 外口袋・內口袋
3 釦絆

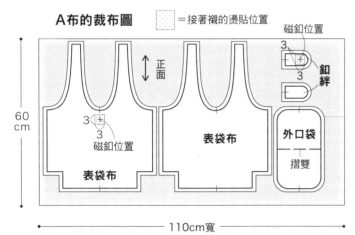

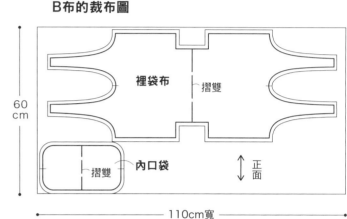

※製作裡袋布、內・外口袋時，需於「摺雙」處翻轉紙型畫出另外半邊再裁剪。

作法

1 製作釦絆

2 製作外口袋

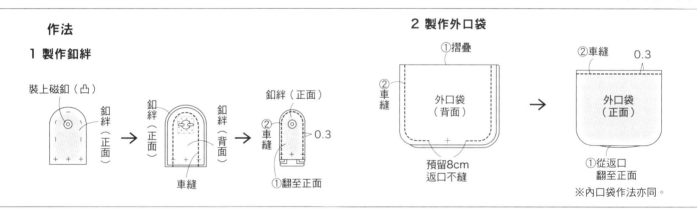

※內口袋作法亦同。

3 縫上外口袋&釦絆

4 裝上磁釦

5 縫合表袋布

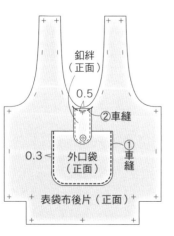

※內口袋也同樣縫在裡袋布（前片）上

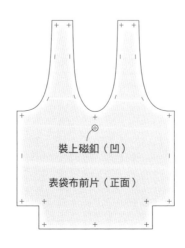

6 縫合表袋布&裡袋布

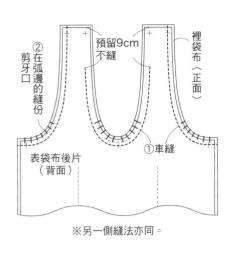

②在弧邊的縫份剪牙口

預留9cm不縫

裡袋布（正面）

表袋布後片（背面）

①車縫

※另一側縫法亦同。

7 縫合脇邊

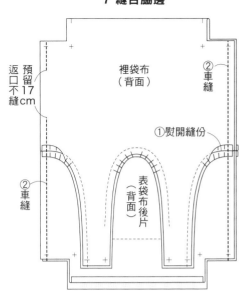

裡袋布（背面）

②車縫

返口預留17cm不縫

①熨開縫份

②車縫

表袋布後片（背面）

8 車縫表袋布側身

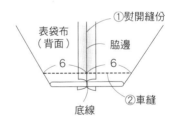

表袋布（背面）

①熨開縫份

脇邊

6　6

底線

②車縫

9 車縫裡袋布側身

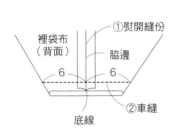

裡袋布（背面）

①熨開縫份

脇邊

6　6

底線

②車縫

10 縫合提把

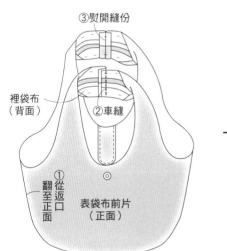

③熨開縫份

裡袋布（背面）

②車縫

①從返口翻至正面

表袋布前片（正面）

11 放入包包底板，縫合返口

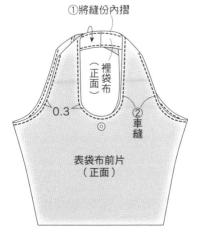

①將縫份內摺

裡袋布（正面）

0.3

②車縫

表袋布前片（正面）

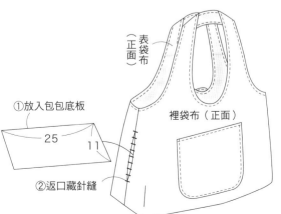

①放入包包底板

25

11

②返口藏針縫

表袋布（正面）

裡袋布（正面）

完成！

22

12　26

材料

A布〔長纖絲光細棉布〕70cm寬70cm

B布〔尼龍布〕60cm寬60cm

接著襯 70cm寬70cm

拉鍊 35cm 1條

日型環 內徑2cm 1個

問號鉤 內徑2cm 2個

D型環 內徑2cm 2個

裝飾鈕釦 直徑1.15cm 4個

包包底板 19cm×7cm 1片

完成尺寸 高約18cm 寬約21cm 側身約10cm

原寸紙型 E面 20

1 表袋布・裡袋布	4 內口袋
2 提把	5 滾邊布
3 吊耳	6 肩背帶

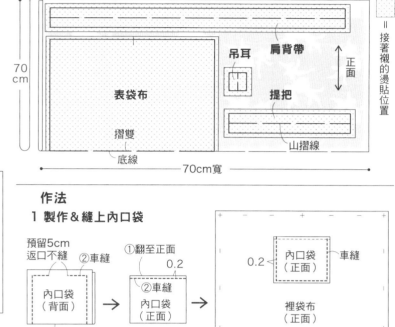

A布的裁布圖

= 接著襯的燙貼位置

70cm

吊耳　肩背帶　正面

表袋布

提把

摺雙　底線　山摺線

70cm寬

B布的裁布圖

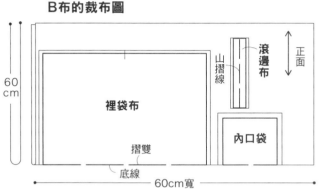

60cm

裡袋布

滾邊布　正面

山摺線

內口袋

摺雙　底線

60cm寬

作法

1 製作&縫上內口袋

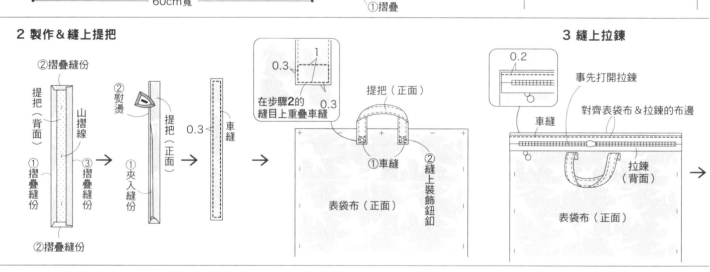

預留5cm返口不縫　②車縫

內口袋（背面）

①摺疊

①翻至正面　0.2

②車縫

內口袋（正面）

0.2　內口袋（正面）　車縫

裡袋布（正面）

2 製作&縫上提把

②摺疊縫份

提把（背面）

山摺線

①摺疊縫份

③摺疊縫份

②摺疊縫份

②熨燙

①夾入縫份

提把（正面）

0.3　車縫

0.3　1　0.3

在步驟2的縫目上重疊車縫

提把（正面）

①車縫

②縫上裝飾鈕釦

表袋布（正面）

3 縫上拉鍊

0.2

事先打開拉鍊

對齊表袋布&拉鍊的布邊

車縫

拉鍊（背面）

表袋布（正面）

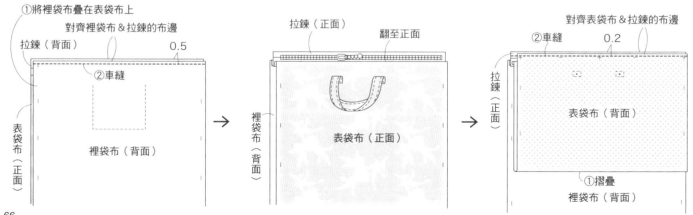

①將裡袋布疊在表袋布上

對齊裡袋布&拉鍊的布邊

拉鍊（背面）　0.5

②車縫

表袋布（正面）

裡袋布（背面）

拉鍊（正面）　翻至正面

裡袋布（背面）

表袋布（正面）

對齊表袋布&拉鍊的布邊

②車縫　0.2

拉鍊（正面）

表袋布（背面）

①摺疊

裡袋布（背面）

4 製作吊耳

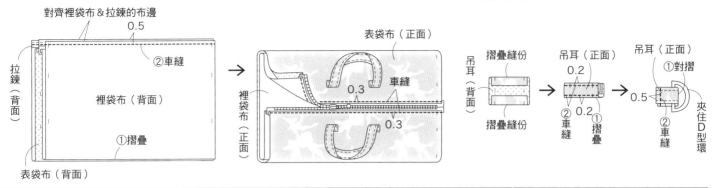

對齊裡袋布＆拉鍊的布邊
0.5
②車縫
拉鍊（背面）
裡袋布（背面）
①摺疊
表袋布（背面）

表袋布（正面）
裡袋布（正面）
0.3 車縫
0.3

吊耳（背面）
摺疊縫份
摺疊縫份
吊耳（正面）
0.2
②車縫 ①摺疊
0.2
吊耳（正面）
①對摺
0.5
②車縫
夾住D型環

5 縫上吊耳

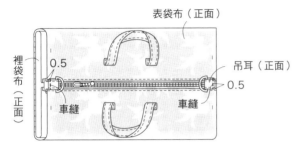

表袋布（正面）
裡袋布（正面）
0.5
車縫
吊耳（正面）
0.5
車縫

6 摺疊袋布，縫合脇邊

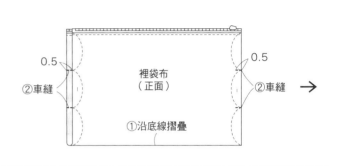

0.5
②車縫
裡袋布（正面）
0.5
②車縫
①沿底線摺疊

7 以滾邊布包夾脇邊

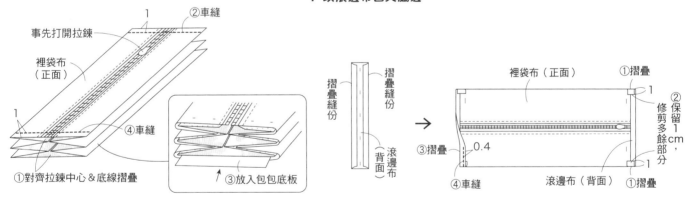

事先打開拉鍊
裡袋布（正面）
②車縫
1
④車縫
1
①對齊拉鍊中心＆底線摺疊
③放入包包底板

摺疊縫份
摺疊縫份
滾邊布（背面）
裡袋布（正面）
①摺疊
②保留1cm，修剪多餘部分
③摺疊 0.4
④車縫 滾邊布（背面） ①摺疊
1

8 製作肩背帶

肩背帶（正面）
①車縫
②熨開縫份
肩背帶（背面）

②摺疊
0.2
①摺疊縫份
0.2 ③車縫
肩背帶（背面）

④穿過日型環
②摺疊
2
③穿過問號鉤
1 ①穿過日型環
②車縫
2
1
⑤穿過問號鉤後車縫

完成！

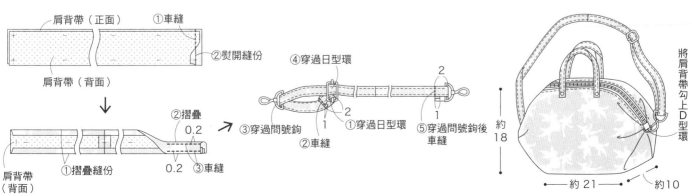

將肩背帶勾上D型環
約18
約21
約10

材料
A布〔棉質斜紋布〕110cm寬130cm
B布〔十字織紋布〕70cm寬170cm

完成尺寸 高約54cm 寬約50cm

原寸紙型 A面 17
1 表袋布A・裡袋布A
2 表袋布B・裡袋布B
3 墊布

A布的裁布圖

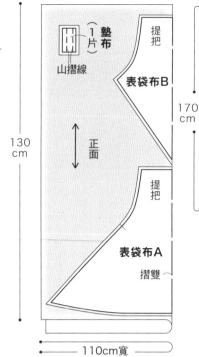

130cm
110cm寬

B布的裁布圖

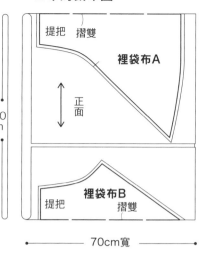

170cm
70cm寬

作法

1 縫合表袋布A 與表袋布B

※另一側縫法亦同。

2 縫合裡袋布A 與裡袋布B

※另一側縫法亦同。

3 表袋布 車縫裝飾線

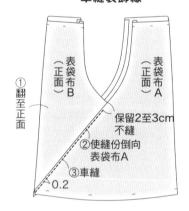

4 將裡袋布放入 表袋布中，縫合

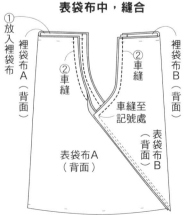

5 車縫裡袋布的底線

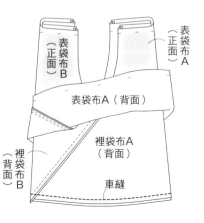

6 車縫表袋布的底線

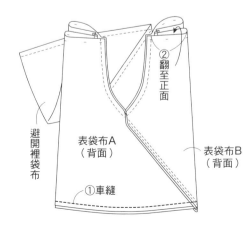

68

7 在袋口＆提把車縫裝飾線

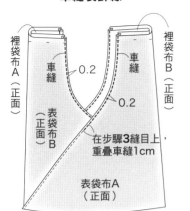

裡袋布A（正面）
車縫　0.2
表袋布B（正面）
車縫
裡袋布B（正面）
0.2
在步驟3縫目上，重疊車縫1cm
表袋布A（正面）

8 縫合提把

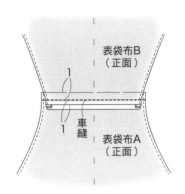

表袋布B（正面）
1
車縫
1
表袋布A（正面）

9 摺疊提把

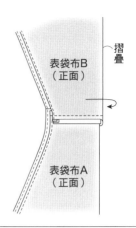

摺疊
表袋布B（正面）
表袋布A（正面）

10 製作墊布

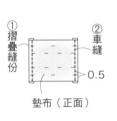

① 摺疊縫份
② 車縫
0.5
墊布（正面）

11 縫上墊布

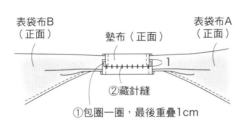

表袋布B（正面）
墊布（正面）
表袋布A（正面）
1
② 藏針縫
① 包圈一圈，最後重疊1cm

完成！

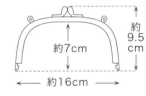

墊布（正面）
約54
約50

---

p.26　21・22　口金肩背包

材料（1個）
A布〔**21**棉質印花布／**22**棉質條紋布〕100cm寬30cm
B布〔丹寧布〕10cm寬60cm
C布〔**21**先染條紋布／**22**棉布〕40cm寬60cm
單膠鋪棉 40cm寬60cm
接著襯 30cm寬20cm
口金〔INAZUMA BK-1673＃AG 高9.5cm 橫寬16cm〕1個
提把〔INAZUMA **21**／YAS-1014A＃11 **22**／YAS-1014A＃870 1cm寬〕1條

完成尺寸　高17cm 寬約18cm 側身6cm

原寸紙型　B面　21・22
1 表袋布・裡袋布
2 表側身・裡側身
3 表口袋・裡口袋

口金尺寸

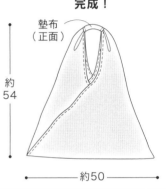

約9.5cm
約7cm
約16cm

A布的裁布圖

＝ 單膠鋪棉的燙貼位置
＝ 接著襯的燙貼位置

摺雙
正面
30cm
表袋布
表・裡口袋
100cm寬

B布的裁布圖

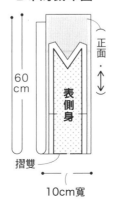

正面
60cm
表側身
摺雙
10cm寬

C布的裁布圖

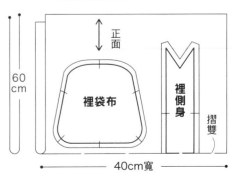

正面
60cm
裡袋布
裡側身
摺雙
40cm寬

※表口袋只燙貼接著襯。

作法

1 製作口袋

車縫

表口袋（背面）

裡口袋（正面）

→

①翻至正面

②車縫

0.5

表口袋（正面）

裡口袋（背面）

2 縫上口袋

表袋布（正面）

表口袋（正面）

車縫

0.5

3 將表側身縫在表袋布上

①在記號之間車縫

表袋布（正面）

表側身（背面）

表口袋（正面）

②在弧邊的縫份上剪牙口

※另一側縫法亦同。

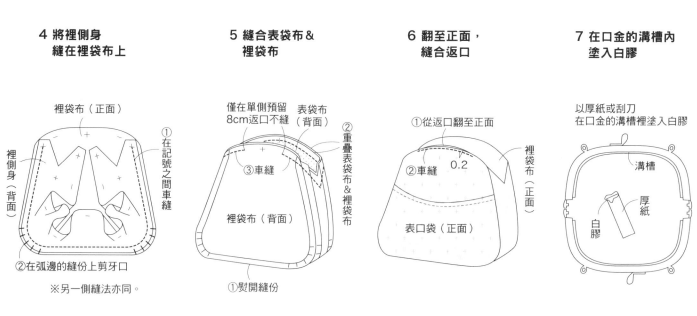

4 將裡側身縫在裡袋布上

裡袋布（正面）

裡側身（背面）

①在記號之間車縫

②在弧邊的縫份上剪牙口

※另一側縫法亦同。

5 縫合表袋布&裡袋布

僅在單側預留8cm返口不縫

表袋布（背面）

②重疊表袋布&裡袋布

③車縫

裡袋布（背面）

①熨開縫份

6 翻至正面，縫合返口

①從返口翻至正面

②車縫

0.2

裡袋布（正面）

表口袋（正面）

7 在口金的溝槽內塗入白膠

以厚紙或刮刀在口金的溝槽裡塗入白膠

溝槽

厚紙

白膠

8 將袋布裝上口金

①對齊袋布&口金的中心後裝入

錐子

②塞入紙繩

裡袋布（正面）

表袋布（正面）

→

以鉗子夾合口金兩端

墊布

鉗子

裡袋布（正面）

表袋布（正面）

完成！

17

約18

6

將口金接上提把

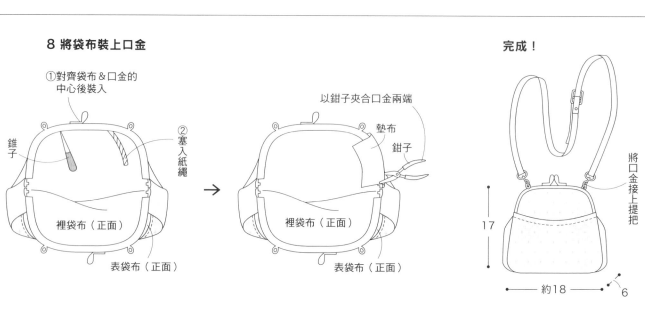

材料
A布〔窗形格紋布〕90cm寬40cm
B布〔十字織紋布〕90cm寬40cm
單膠鋪棉 90cm寬20cm
拉鍊 20cm1條／30cm 1條
提把〔INAZUMA YAS-1014A＃870 1cm寬〕1條
D型環〔INAZUMA AK-6-21＃AG 內徑1.5cm〕2個
斜布條〔滾邊用〕1cm寬160cm

完成尺寸 高15cm 寬22cm 側身9cm

原寸紙型 E面 23
1 表袋布・裡袋布
2 表側身・裡側身
3 表拉鍊側身・裡拉鍊側身
4 外口袋
5 內口袋
6 吊耳

A布的裁布圖　▨ = 單膠鋪棉的燙貼位置

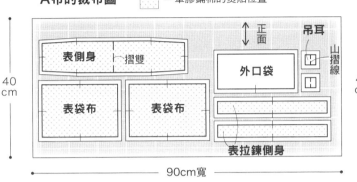

B布的裁布圖

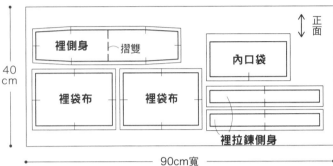

※製作表側身、裡側身時，需於「摺雙」處翻轉紙型畫出另外半邊再裁剪。

作法

1 縫上拉鍊

2 製作吊耳

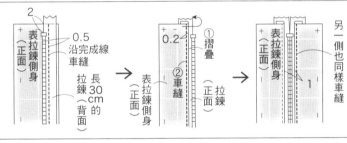

3 縫合表拉鍊側身＆表側身

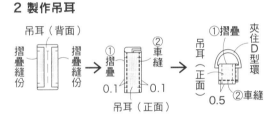

4 縫合裡拉鍊側身＆裡側身

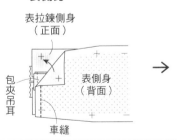

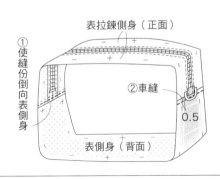

5 縫合表側身＆裡側身

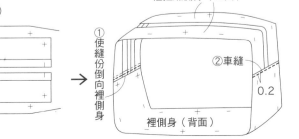

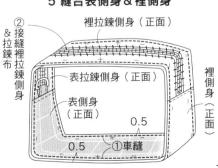

6 製作＆縫上外口袋

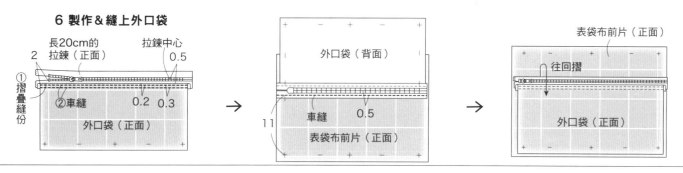

長20cm的拉鍊（正面）
拉鍊中心
0.5
2
①摺疊縫份
②車縫　0.2　0.3
外口袋（正面）

外口袋（背面）
車縫　0.5
11
表袋布前片（正面）

表袋布前片（正面）
往回摺
外口袋（正面）

7 製作＆縫上內口袋

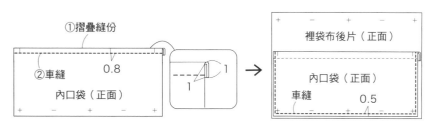

①摺疊縫份
②車縫　0.8
內口袋（正面）
1
1

裡袋布後片（正面）
內口袋（正面）
車縫　0.5

8 將表袋布＆裡袋布暫時車縫固定

裡袋布前片（背面）
表袋布前片（正面）
車縫　0.5
※後片縫法亦同。

9 縫合側身＆袋布

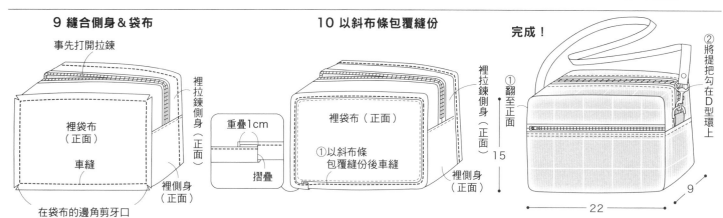

事先打開拉鍊
裡袋布（正面）
車縫
裡拉鍊側身（正面）
裡側身（正面）
在袋布的邊角剪牙口

10 以斜布條包覆縫份

重疊1cm
摺疊
裡袋布（正面）
①以斜布條包覆縫份後車縫
裡拉鍊側身（正面）
裡側身（正面）

完成！

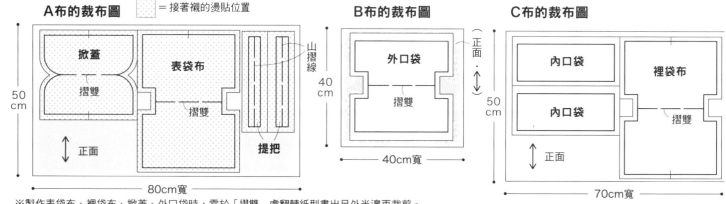

①翻至正面
15
②將提把勾在D型環上
22
9

---

p.28 **24** 包中包

材料
A布〔棉布〕80cm寬50cm
B布〔棉質印花布〕40cm寬40cm
C布〔棉質條紋布〕70cm寬50cm
接著襯〔日本貓頭鷹媽媽牌 AM-GS5〕80cm寬50cm

原寸紙型 E面 24
1 表袋布・裡袋布
2 掀蓋
3 外口袋
4 內口袋
5 提把

完成尺寸 高16cm 寬20cm 側身8cm

A布的裁布圖
▢ = 接著襯的燙貼位置

掀蓋
摺雙
表袋布
摺雙
正面
提把
山摺線
50cm
80cm寬

B布的裁布圖
外口袋
摺雙
正面
40cm
40cm寬

C布的裁布圖
內口袋
內口袋
正面
裡袋布
摺雙
50cm
70cm寬

※製作表袋布、裡袋布、掀蓋、外口袋時，需於「摺雙」處翻轉紙型畫出另外半邊再裁剪。

作法

1 製作提把

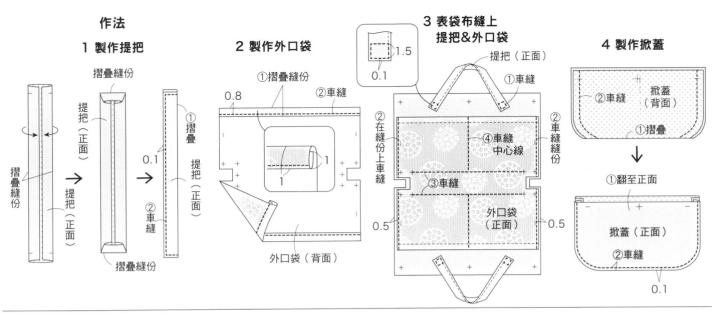

摺疊縫份
提把（正面）
摺疊縫份
提把（正面）
提把（正面）
0.1
摺疊
②車縫
提把（正面）
提把（正面）
摺疊縫份

2 製作外口袋

①摺疊縫份
②車縫
0.8
1
1
外口袋（背面）

3 表袋布縫上提把&外口袋

1.5
0.1
提把（正面）
①車縫
②車縫縫份
在縫份上車縫
④車縫中心線
③車縫
外口袋（正面）
0.5
0.5

4 製作掀蓋

②車縫
掀蓋（背面）
①摺疊
①翻至正面
掀蓋（正面）
②車縫
0.1

5 製作內口袋，並縫在裡袋布上

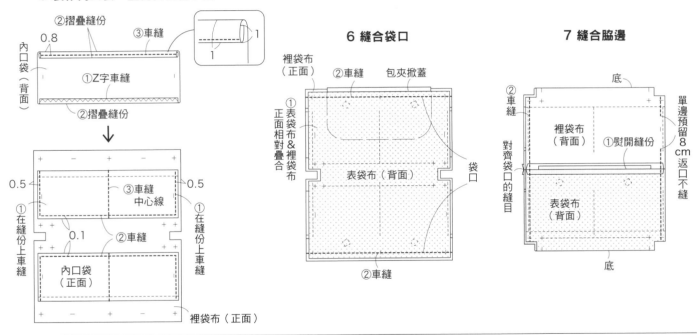

②摺疊縫份
③車縫
0.8
1
1
內口袋（背面）
①Z字車縫
②摺疊縫份
0.5
0.5
③車縫中心線
①在縫份上車縫
0.1
②車縫
①在縫份上車縫
內口袋（正面）
裡袋布（正面）

6 縫合袋口

裡袋布（正面）
②車縫
包夾掀蓋
①表袋布&裡袋布正面相對疊合
表袋布（背面）
袋口
②車縫

7 縫合脇邊

②車縫
底
裡袋布（背面）
①熨開縫份
單邊預留8cm返口不縫
對齊袋口的縫目
表袋布（背面）
底

8 車縫表袋布&裡袋布各自的側身

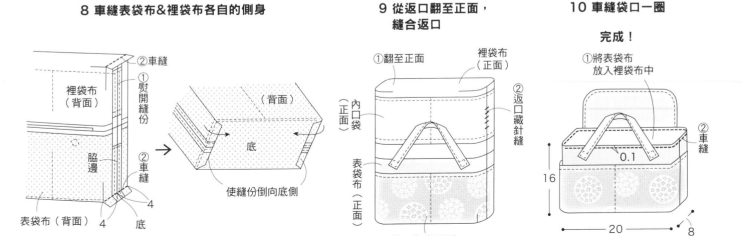

②車縫
裡袋布（背面）
①熨開縫份
（背面）
底
脇邊
②車縫
使縫份倒向底側
表袋布（背面）
4
4
底

9 從返口翻至正面，縫合返口

①翻至正面
裡袋布（正面）
內口袋（正面）
②返口藏針縫
表袋布（正面）
外口袋（正面）

10 車縫袋口一圈

完成！

①將表袋布放入裡袋布中
②車縫
0.1
16
20
8

材料

A布〔棉質印花布〕60cm寬50cm
B布〔棉質絨面布〕40cm寬50cm
單膠鋪棉〔日本貓頭鷹媽媽牌 MKM-1P〕40cm寬50cm
拉鍊 40cm 1條
支架口金〔INAZUMA BK-1862高6cm 橫寬18cm〕2個

完成尺寸 高16.5cm 寬18cm 側身13cm

原寸紙型 F面 27

1 表袋布・裡袋布
2 提把
3 拉鍊尾片

※製作表袋布、裡袋布時，
需於「摺雙」處翻轉紙型
畫出另外半邊再裁剪。

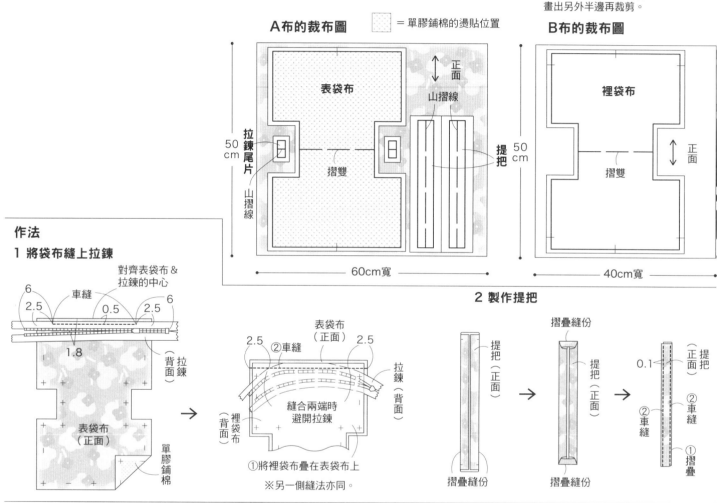

作法

1 將袋布縫上拉鍊

2 製作提把

3 縫上提把

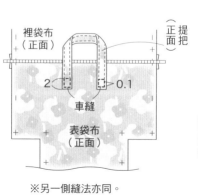

※另一側縫法亦同。

4 縫合脇邊

☆保留2cm不縫，當作口金穿通口

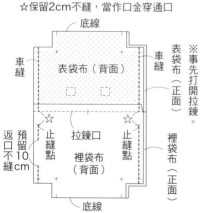

5 車縫表袋布側身

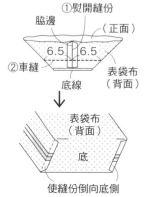

使縫份倒向底側

6 車縫裡袋布側身

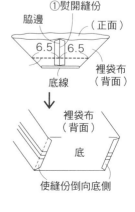

使縫份倒向底側

7 從返口翻至正面

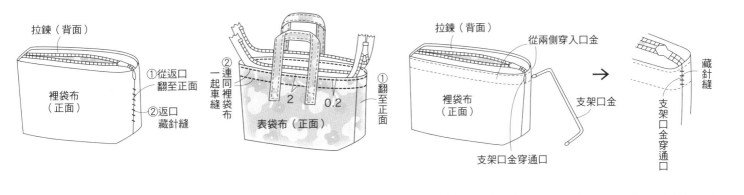

拉鍊（背面）

裡袋布（正面）

① 從返口翻至正面
② 返口藏針縫

8 車縫袋口一圈

② 連同裡袋布一起車縫
① 翻至正面

2　0.2

表袋布（正面）

9 穿入支架口金

拉鍊（背面）

從兩側穿入口金

裡袋布（正面）

支架口金穿通口

支架口金

藏針縫

支架口金穿通口

10 製作＆縫上拉鍊尾片

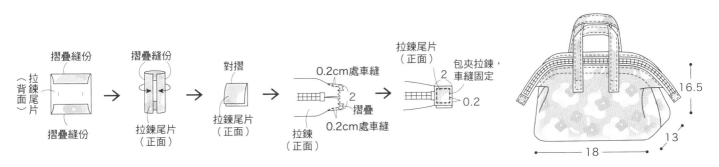

摺疊縫份

拉鍊尾片（背面）

摺疊縫份

摺疊縫份

拉鍊尾片（正面）

對摺

拉鍊尾片（正面）

0.2cm處車縫

2

摺疊

0.2cm處車縫

拉鍊（正面）

拉鍊尾片（正面）

包夾拉鍊，車縫固定

2　0.2

完成！

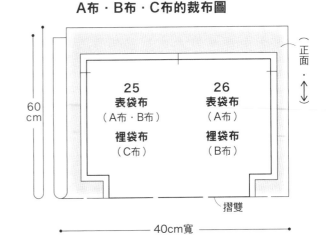

16.5

13

18

---

p.29 25・26 束口包

材料（1個）
A布〔25歐根紗／26混麻帆布〕40cm寬60cm
B布〔尼龍布〕40cm寬60cm
25 C布〔尼龍布〕40cm寬60cm
圓繩 粗0.5cm 200cm
PP織帶 2cm寬70cm
包包底板 24cm×7cm 1片

完成尺寸 高20cm 寬25cm 側身8cm

原寸紙型 F面 25・26
1 表袋布・裡袋布

A布・B布・C布的裁布圖

正面

60 cm

25
表袋布
（A布・B布）

裡袋布
（C布）

26
表袋布
（A布）

裡袋布
（B布）

摺雙

40cm寬

作法

1 將兩片表袋布暫時車縫固定（僅25）

表袋布（B布·正面）

表袋布（A布·正面）

以雙面膠或黏膠稍微固定

2 縫合表袋布＆裡袋布

縫合袋口

表袋布（背面）

裡袋布（正面）

縫合袋口

3 縫合脇邊

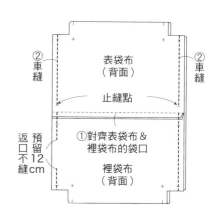

②車縫

②車縫

表袋布（背面）

止縫點

返口預留不縫12cm

①對齊表袋布＆裡袋布的袋口

裡袋布（背面）

4 車縫表袋布側身

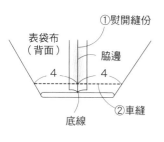

①熨開縫份

表袋布（背面）

脇邊

4　4

底線

②車縫

5 車縫裡袋布側身

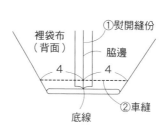

①熨開縫份

裡袋布（背面）

脇邊

4　4

底線

②車縫

6 翻至正面，車縫袋口

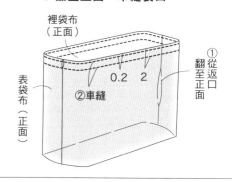

裡袋布（正面）

表袋布（正面）

0.2　2

②車縫

①從返口翻至正面

7 製作提把

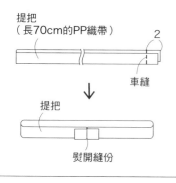

提把（長70cm的PP織帶）

2

車縫

提把

熨開縫份

8 縫上提把

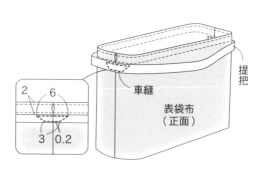

2　6

3　0.2

車縫

提把

表袋布（正面）

9 放入包包底板

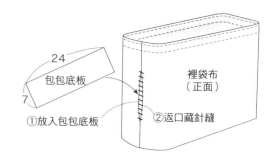

24

包包底板

7

①放入包包底板

裡袋布（正面）

②返口藏針縫

10 穿入圓繩

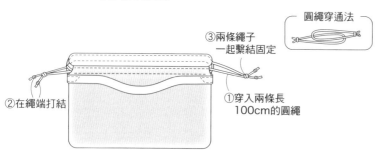

圓繩穿通法

③兩條繩子一起繫結固定

②在繩端打結

①穿入兩條長100cm的圓繩

完成！

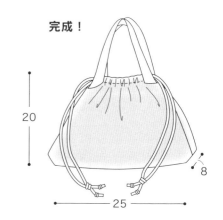

20

25

8

材料
A布〔11號帆布〕60cm寬60cm

完成尺寸 高20cm 寬24cm

原寸紙型 E面 30
1 本體
2 口袋
3 綁繩

A布的裁布圖

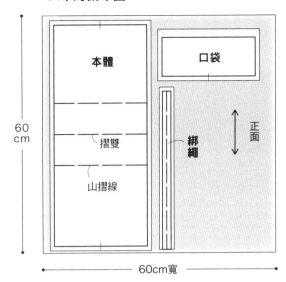

60cm

本體

摺雙

山摺線

口袋

綁繩

正面

60cm寬

※製作本體時，需於「摺雙」處翻轉紙型畫出另外半邊再裁剪。

作法

1 製作口袋

①摺疊縫份　②車縫

0.2

口袋（正面）

1（正面）

2 製作綁繩

①摺疊縫份　綁繩（正面）　②摺疊

①摺疊縫份　0.2　③車縫

3 縫上口袋＆綁繩

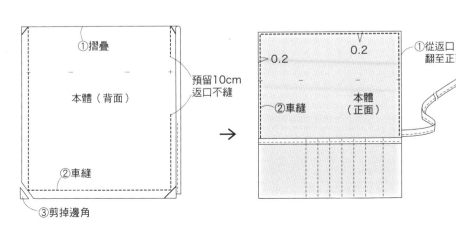

本體（正面）

綁繩（正面）

口袋（正面）　0.5　0.5

車縫　0.5

9　2　2　2　2　2　3　4

4 縫合本體周圍

①摺疊

本體（背面）

②車縫

③剪掉邊角

預留10cm返口不縫

0.2　0.2

②車縫　本體（正面）

①從返口翻至正面

→

5 摺疊山摺線後車縫固定

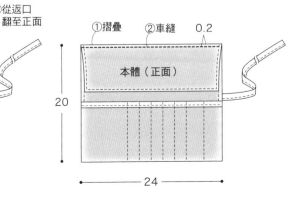

①摺疊　②車縫　0.2

本體（正面）

20

24

材料

A布〔11號帆布〕60cm寬30cm

B布〔11號帆布〕60cm寬30cm

拉鍊 17cm 2條

羅紋織帶 2cm寬110cm

麂皮帶 0.2cm寬15cm

牛角釦 4.5cm 1個

完成尺寸 高18cm 寬25cm

原寸紙型 F面 31

1 本體A

2 本體B

3 本體C

4 貼式口袋

5 卡片夾層底布

6 卡片夾層

A布的裁布圖

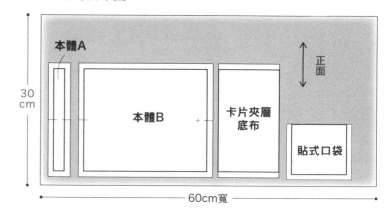

B布的裁布圖

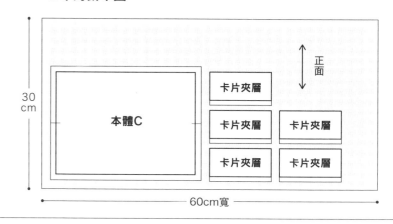

作法

1 將本體A・B縫上拉鍊

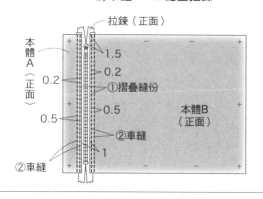

2 製作貼式口袋

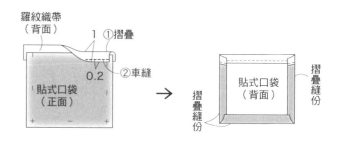

3 將貼式口袋縫在本體C上

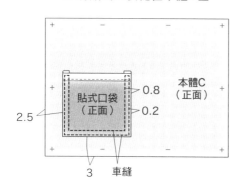

4 製作卡片夾層

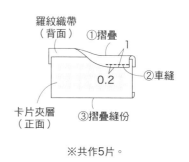

※共作5片。

5 將卡片夾層縫在卡片夾層底布上

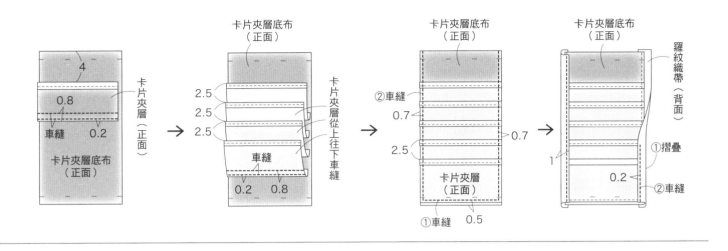

卡片夾層底布
（正面）

4

卡片夾層
（正面）

0.8

車縫   0.2

卡片夾層底布
（正面）

卡片夾層底布
（正面）

2.5
2.5
2.5

卡片夾層從上往下車縫

車縫

0.2   0.8

卡片夾層底布
（正面）

②車縫

0.7

2.5

卡片夾層
（正面）

①車縫   0.5

0.7

卡片夾層底布
（正面）

羅紋織帶
（背面）

①摺疊

1

0.2

②車縫

---

6 將卡片夾層底布縫在本體C上

卡片夾層底布
（正面）   0.5   0.7

本體C
（正面）

0.2

0.5   車縫   0.7

7 在本體B·C上車縫拉鍊，再縫上麂皮帶

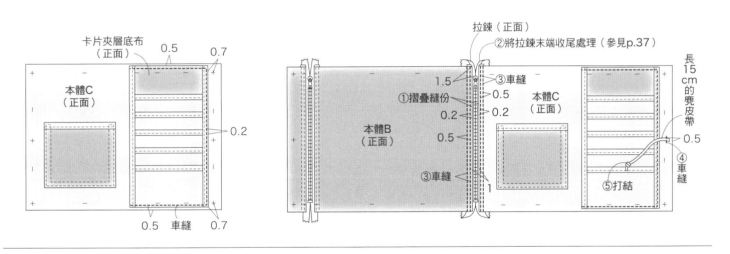

拉鍊（正面）
②將拉鍊末端收尾處理（參見p.37）

1.5
①摺疊縫份
0.2
0.5

本體B
（正面）

③車縫

1

③車縫
0.5
0.2

本體C
（正面）

長15cm的麂皮帶

0.5

④車縫

⑤打結

---

8 縫合本體周圍

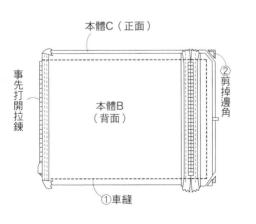

本體C（正面）

事先打開拉鍊

本體B
（背面）

②剪掉邊角

①車縫

9 縫合本體C與本體B

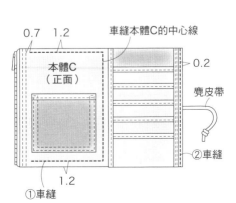

0.7   1.2

車縫本體C的中心線

本體C
（正面）

0.2

麂皮帶

①車縫

1.2

②車縫

10 縫上牛角釦

完成！

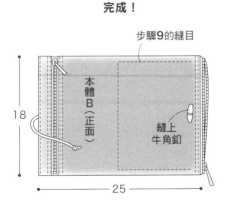

步驟9的縫目

18

本體B
（正面）

縫上牛角釦

25

材料（1個）
A布〔棉質印花布〕30cm寬40cm
B布〔棉布〕30cm寬30cm
C布〔棉質條紋布〕50cm寬40cm
單膠鋪棉〔日本貓頭鷹媽媽牌 MKM-1P〕30cm寬40cm
拉鍊 20cm 1條

原寸紙型 F面 28・29
1 表袋布・裡袋布
2 底布
3 側標
4 內口袋

完成尺寸 高13cm 寬15cm 側身7cm

※製作表袋布、裡袋布、底布、內口袋時，
需於「摺雙」處翻轉紙型畫出另外半邊再裁剪。

A布的裁布圖

表袋布
（正面・↕）
40cm
摺雙
30cm寬

B布的裁布圖

山摺線
側標
正面
底布
摺雙
30cm
30cm寬

C布的裁布圖

裡袋布
正面
40cm
摺雙
內口袋
摺雙
50cm寬

= 單膠鋪棉的燙貼位置

作法

1 縫上底布

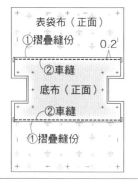

表袋布（正面）
①摺疊縫份 0.2
②車縫
底布（正面）
②車縫
①摺疊縫份

2 製作內口袋

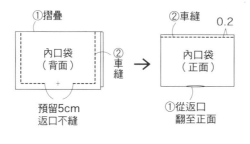

①摺疊
內口袋（背面）
②車縫
預留5cm返口不縫

②車縫 0.2
內口袋（正面）
①從返口翻至正面

3 縫上內口袋

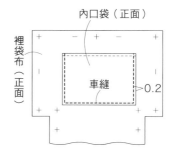

內口袋（正面）
裡袋布（正面）
車縫 0.2

4 縫上拉鍊
（參見p.38）

5 製作側標

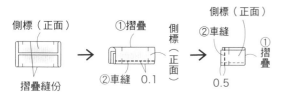

側標（正面）
摺疊縫份
①摺疊
②車縫 0.1
側標（正面）
②車縫
①摺疊
0.5

6 疏縫側標，縫合脇邊

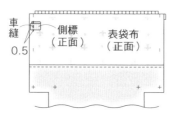

側標（正面）
表袋布（正面）
車縫 0.5

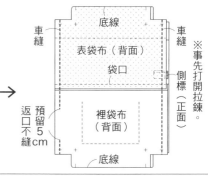

底線
車縫
表袋布（背面）
袋口
側標（正面）
裡袋布（背面）
返口不縫 預留5cm
底線
※事先打開拉鍊

7 車縫表袋布側身

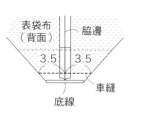

表袋布（背面）
脇邊
3.5 3.5
車縫
底線

8 車縫裡袋布側身

裡袋布（背面）
脇邊
3.5 3.5
車縫
底線

9 翻至正面，縫合返口

①從返口翻至正面
裡袋布（正面）
②返口藏針縫

10 車縫袋口 完成！

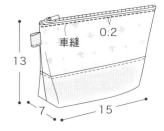

車縫 0.2
13
7 15

輕・布作 51

簡約休閒風手作包
俐落的經典版型，變化布料就很有個性！

授　　　　　權／BOUTIQUE-SHA
譯　　　　　者／黃鏡蒨
社　　　　　長／詹慶和
執 行 編 輯／陳姿伶
編　　　　　輯／蔡毓玲・劉蕙寧・黃璟安
執 行 美 編／韓欣恬
美 術 編 輯／陳麗娜・周盈汝
紙 型 排 版／造極
出 版 者／Elegant-Boutique新手作
發 行 者／悅智文化事業有限公司
郵 政 劃 撥 帳 號／19452608
戶　　　　　名／悅智文化事業有限公司
地　　　　　址／220新北市板橋區板新路206號3樓
電　　　　　話／(02)8952-4078
傳　　　　　真／(02)8952-4084
網　　　　　址／www.elegantbooks.com.tw
電 子 信 箱／elegant.books@msa.hinet.net

2022年1月初版一刷 定價380元

Lady Boutique Series　No.4756
NUISHIROTSUKI KATAGAMI DE SUGU NI TSUKURERU FUDAN ZUKAI
NO BAG
© 2019 Boutique-sha, Inc.
All rights reserved.
Original Japanese edition published in Japan by BOUTIQUE-SHA.
Chinese (in complex character) translation rights arranged with
BOUTIQUE-SHA
through Keio Cultural Enterprise Co., Ltd., New Taipei City, Taiwan.

經銷／易可數位行銷股份有限公司
地址／新北市新店區寶橋路235巷6弄3號5樓
電話／(02)8911-0825　傳真／(02)8911-0801

國家圖書館出版品預行編目(CIP)資料

簡約休閒風手作包：俐落的經典版型，變化布料就很有
個性！/ BOUTIQUE-SHA授權；黃鏡蒨譯.
-- 初版. -- 新北市：Elegant-Boutique新手作出版：悅智
文化事業有限公司發行, 2022.01
　　面；　　公分. -- (輕布作；51)
ISBN 978-957-9623-77-3(平裝)

1.手提袋 2.手工藝

426.7　　　　　　　　　　　　　　　110019539